Cap 2030 :
une décennie
pour changer le monde

Fondation GoodPlanet
(Julien Leprovost et Sophie Noucher)
et Yann Arthus-Bertrand

Cap 2030 :
une décennie pour changer le monde

Michel Lafon

Ce livre est imprimé en France, par un imprimeur soucieux de préserver l'environnement à travers des actions d'économies d'énergie, de valorisation des déchets, d'utilisation de produits moins nocifs pour la santé des travailleurs.

Photo de couverture Yann Arthus-Bertrand
© Quentin Jumeaucourt

118, avenue Achille-Peretti – CS 70024
92521 Neuilly-sur-Seine Cedex
www.michel-lafon.com

« La plus haute fonction de l'écologie
est la compréhension des conséquences. »

Frank Herbert, *Dune*

« La démocratie et le climat se sauveront ensemble. »

Thierry Pech

« Si vous tenez à la démocratie et à la liberté d'expression,
ne dénigrez pas le changement climatique. »

Naomi Oreskes

Avertissement

Les citations contenues dans ce livre sont tirées d'entretiens menés avec les conventionnels et l'équipe de la Convention Citoyenne pour le Climat – CCC – (garants, membres du comité de gouvernance…), entretiens menés lors de la dernière session et après la Convention. Elles sont également extraites des exposés des experts et des débats publics de chaque session, toujours visibles sur le site de la CCC (www.conventioncitoyennepourleclimat.fr).

Ce livre a été rédigé à la fin de l'année 2020. Certains éléments du débat public ont pu évoluer depuis : nous espérons qu'ils iront dans le sens d'une considération toujours plus grande du travail des conventionnels et de l'application du rapport final, au plus près de ses propositions.

Préface de Yann Arthus-Bertrand

J'ai eu la chance de voir le monde et de témoigner de sa beauté par mon travail de photographe. Mon amour de la faune sauvage et des animaux m'inspire depuis plus de cinquante ans. Au fil des années, j'ai pris conscience des enjeux environnementaux. J'ai travaillé dans des parcs animaliers en France et au Kenya. J'y ai étudié les lions ; ces grands félins m'ont toujours fasciné. C'était il y a plusieurs décennies. En ces temps-là, lorsqu'on parlait d'écologie, on s'inquiétait de la surpopulation, du manque de ressources, du braconnage, de la pollution des eaux, de l'air ou des sols, des marées noires, de la destruction des milieux naturels, de la prolifération des déchets et des dangers associés à l'énergie atomique.

1992 a été une date charnière pour moi. Cette année-là, le Sommet de la Terre m'a conduit à parcourir le monde pour photographier du ciel ses sites les plus remarquables avec le parrainage de l'UNESCO. Avec *La Terre vue du ciel*, l'objectif était de montrer la beauté du monde pour que chacun puisse l'admirer et se décide à agir afin de préserver l'environnement.

Dans la foulée de la création du Groupe d'Experts Intergouvernemental sur l'Évolution du Climat (GIEC) en 1988, l'année 1992 correspond à l'émergence de la préoccupation climatique comme enjeu politique international avec la création de la Convention-cadre des Nations unies sur les changements climatiques. Cette dernière organise les négociations sur le climat, qu'on appelle plus souvent COP, dont l'ambition est de fixer les objectifs de réduction des gaz à effet de serre. Le dernier accord en la matière, signé à Paris en 2015, vise à limiter le réchauffement du climat à 2 °C.

Trente ans plus tard, le compte n'y est pas puisque les émissions mondiales de gaz à effet de serre ont continué d'augmenter. Une jeune Suédoise, Greta Thunberg, adresse au monde des messages de vérité sur l'impact climatique et rappelle que les gens de ma génération, entre autres, mais pas qu'eux, ont fortement contribué à détraquer le climat en abusant des énergies fossiles. Les effets du dérèglement climatique affecteront davantage les générations à venir si rien n'est fait. Cette histoire peut se résumer en une citation de Saint-Exupéry : « *Nous n'héritons pas de la terre de nos ancêtres, nous l'empruntons à nos enfants.* » Après des décennies de travail pour sensibiliser à l'écologie, il s'avère que les générations à venir hériteront du climat que nous leur laisserons. Cependant, même si le réchauffement climatique est déjà lancé, plusieurs scénarios sont envisageables. Rien n'est encore écrit puisqu'il est encore possible d'atténuer la hausse globale des températures à 1,5 °C. Mais le temps presse pour y parvenir : une à deux décennies. Saurons-nous changer la donne ?

J'ai tendance à croire que nous avons les politiques que nous méritons. L'urgence et l'importance du changement climatique sont portées à la connaissance des décodeurs politiques et économiques depuis plus de trois décennies, grâce notamment aux travaux du GIEC. Ces derniers sont réalisés à la demande des gouvernements du monde entier afin de leur fournir une information scientifique de qualité à même de guider les orientations politiques nationales et les négociations internationales au sujet du climat. Le GIEC et ses travaux ont été récompensés avec l'ancien vice-président américain Al Gore et son film *Une vérité qui dérange*, par le Prix Nobel de la paix en 2007. Avec un tel coup de projecteur, ni les décideurs, ni l'opinion publique, ni les milieux économiques, ni les citoyens ne peuvent dire qu'ils ne savaient pas. Et, en regardant en arrière sur la question climatique, on a l'impression d'une série de rendez-vous manqués avec l'Histoire. Au niveau international, l'échec du sommet de Copenhague sur le climat en 2009 a fait perdre au moins cinq années aux ambitions climatiques mondiales. Au niveau français, le bilan très contrasté des politiques environnementales et du Grenelle de l'environnement ou, plus près de nous, la démission fracassante de

Nicolas Hulot de son poste de ministre de la Transition écologique et solidaire laissent la même impression.

Il ne s'agit pas de postérité mais du présent et surtout du futur, de l'avenir de nos enfants, de nos sociétés, de l'espèce humaine et d'une partie du vivant. Il est facile a posteriori de refaire le match, mais Nicolas Hulot avait raison quand il évoquait le « *syndrome du* Titanic » à propos de l'urgence écologique et de notre refus de voir la catastrophe alors qu'avec de la clairvoyance, et sans doute aussi moins d'aveuglement et de démesure, il serait possible d'agir avant qu'il ne soit trop tard.

Car les scientifiques nous disent que le temps presse. Si nous ne faisons rien pour inverser la tendance, dans moins de deux décennies il ne sera plus possible de freiner le réchauffement du climat et de le limiter à 2 °C d'ici la fin du siècle, ce qui en soi devrait déjà être vu comme un pis-aller, l'amer aveu d'un échec collectif, plutôt que comme un succès dont on devrait se réjouir. La France, en tant que pays industrialisé, a une part historique de responsabilité et aborde le sujet depuis des années avec un bilan à nuancer. Bref, il nous reste vingt ans, soit une génération, pour parvenir à ralentir, puis surtout réduire nos émissions de gaz à effet de serre, pour enfin parvenir à la neutralité carbone en 2050. Une telle ambition implique de revoir en profondeur nos modes de vie, l'économie, et d'entamer une transition vers de nouveaux modèles de développement.

Pour ne plus dépendre des énergies fossiles, qui nous ont rendu tant de services, mais au prix de la pérennité de l'équilibre climatique, il va falloir apprendre à faire sans. Plus qu'une évolution, il nous faut mener une vraie révolution qui peine à émerger.

La démocratie suppose être le gouvernement du peuple, par le peuple et pour le peuple. Pour ce faire, les citoyens délèguent les responsabilités à leurs représentants qu'ils élisent ou reconduisent. Le défi du climat nous concerne tous. Les réponses à y apporter doivent donc être décidées collectivement, d'autant plus qu'elles impliquent une remise en cause profonde de nos modes de vie. Actuellement, la démocratie représentative traîne à relever ce défi pour de multiples raisons : refus de sortir de la zone de confort fournie par les énergies fossiles bon marché, impopularité de certaines mesures, poids des lobbies et du mythe de la croissance, concurrence internationale. Or, gouverner, c'est prévoir, anticiper, faire des choix. Mais aussitôt cela dit, tirons le constat qu'il faut plus de démocratie et d'implication des citoyens afin de faire accepter les nécessités de la transition écologique.

L'année 2020 vient de se terminer. Elle a été exceptionnelle à bien des égards, et révélatrice, avec la pandémie de Covid-19, de certains dysfonctionnements de notre monde. L'économie semble primer sur le reste. Pendant ce temps, la fonte des glaciers, les gigantesques incendies, les catastrophes industrielles, les canicules et les sécheresses se poursuivent… Je suis aussi tenté de faire un parallèle assez troublant entre la crise sanitaire et la crise climatique et – disons-le – écologique dans son ensemble. Les deux sont liées, on ne le répétera jamais assez. Mais ces crises présentent aussi des similitudes frappantes. Pour commencer, elles témoignent d'une forme d'incapacité à entendre les alertes, à savoir se préparer, une tendance à attendre qu'il soit trop tard pour agir. Toutes deux semblent montrer combien il est difficile de changer les comportements. Coronavirus ou climat, pour les deux phénomènes, la science nous en apprend plus chaque jour. Alors qu'anticiper aurait pu être possible, nous avons pensé que le problème du coronavirus était lointain, tant géographiquement que dans le temps. Puis il nous a dépassés et est devenu une priorité telle qu'elle a remis en cause nos modes de vie, nécessité des moyens d'action jamais mis en œuvre, comme le confinement d'une partie de l'humanité, avec une économie mise au ralenti… entraînant une pause éphémère d'un point de vue climatique. Aujourd'hui, la question se pose : si prendre des mesures exceptionnelles face à un virus dangereux, voire mortel dans certains cas, a été possible, pourquoi tardons-nous à agir pour le climat dont le danger est connu et documenté depuis des années ? Agir pour le climat ne signifie pas mettre à l'arrêt l'économie et la vie sociale, mais opérer progressivement une transition en réduisant notre dépendance aux énergies fossiles.

Je me répète : nous avons les politiques que nous méritons. Il est certes un peu facile de formuler ainsi cette critique et de faire reposer sur leurs seules épaules un sentiment d'échec en matière de lutte contre le réchauffement. Dans un monde où tout semble aller de plus en plus vite, où les frontières semblent avoir disparu et où, jour après jour, notre espèce témoigne d'une voracité sans fin, les politiques ne font que répondre en partie à ces attentes. Depuis des décennies, ils voient dans cette martingale nommée croissance un remède miracle à tous les problèmes, comme si le progrès ne passait que par la technologie et la domination de la Nature. Or, le climat comme le coronavirus devraient nous rappeler que l'être humain ne peut pas tout contrôler. Mais le pouvoir n'appelle pas à la modestie et ne tolère que rarement l'aveu d'impuissance. Parfois, dans le déni ou non, il peine à tenir un discours de vérité ou de changement. D'un côté, il y a les beaux discours – « *Notre maison brûle* » de Jacques Chirac ou le « *Make our planet great again* » d'Emmanuel Macron –, et de l'autre, une impression de lenteur au changement, d'inertie, voire d'impuissance. Or, quand on parle avec la plupart des femmes et des hommes politiques, ils admettent l'importance du problème écologique, ont conscience des enjeux à long terme, mais tardent à agir car il faut préserver la croissance perçue comme garante de l'économie et de l'emploi, donc de la stabilité des sociétés, et parce qu'ils estiment que l'opinion n'est pas prête pour des mesures jugées trop contraignantes, voire liberticides. Deux petites phrases emblématiques de ces difficultés à concilier vision écologique et politique me reviennent en tête : l'environnement, « *ça commence à bien faire* », de Nicolas Sarkozy, et bien des années avant lui « *le mode de vie américain n'est pas négociable* » de George Bush, dont Donald Trump n'est que l'héritier. Elles résument bien la difficulté des décideurs à s'emparer des sujets et les contradictions auxquelles ils font face.

Dès lors se pose la question de penser le temps long et les changements profonds de nos sociétés. La France a tenté en 2019 et 2020 d'innover démocratiquement en tirant au sort 150 personnes afin de les faire travailler sur l'urgence climatique et les solutions à y apporter. Les 150 citoyens ne sont pas des hommes politiques « professionnels » mais des gens on ne peut plus ordinaires. Dans la continuité des galeries de portraits que j'ai pu recueillir à travers le monde, à commencer par 6 milliards d'autres, *HUMAN* et *WOMAN*, j'ai souhaité réaliser un film sur ces 150 citoyens. Cette expérience politique innovante et historique, qui va, je l'espère, bouleverser nos modes de vie, se doit d'être un récit relaté, capturé et diffusé. Ce film, dont la sortie est prévue dans le courant de l'année 2021, entend dresser un portrait intime de ces hommes et de ces femmes de tous âges et de tous milieux, afin de rendre compte de leur parcours, de leurs inquiétudes, mais surtout de leur prise de conscience environnementale.

De chaque interview, je retiens cette « claque » qu'ils ont unanimement ressentie lors de la première session, en réalisant l'urgence d'agir. Cette assemblée, représentative de la France, n'avait au départ qu'une vague idée des problématiques liées au dérèglement climatique. Ce n'est qu'après avoir assimilé une multitude d'informations grâce aux passages d'experts que ces 150 – du climato-sceptique au plus écolo – ont compris la nécessité de s'engager. La sensibilisation et la formation de nos concitoyens sur la question représentent le meilleur tremplin pour impulser un changement profond de notre société.

Même si aujourd'hui le diagnostic fait consensus, les solutions à envisager restent multiples et variées. L'équation est simple de prime abord : il suffit de réduire nos émissions de gaz à effet serre. Mais une fois ce constat établi et lorsqu'il faut entrer dans les détails, l'équation se complexifie à la vitesse grand V. Car qu'on le veuille ou non, que ce soit visible ou non, nos existences modernes dépendent de l'énergie et s'avèrent donc potentiellement émettrices de gaz à effet de serre. Comme en médecine, ce n'est pas le produit qui fait le poison mais la dose, et c'est pourquoi nous devons réduire nos rejets de gaz à effet de serre.

Idéalement, pour parvenir à la neutralité carbone, un Français doit émettre en moyenne 2 tonnes de CO_2 équivalent par an, soit cinq fois moins que ce qu'il émet en moyenne individuellement chaque année. Là où cela devient encore plus compliqué, c'est que nous savons croître, augmenter l'intensité, être plus efficaces, mais nous n'avons pas encore appris à réduire, à utiliser raisonnablement ou encore à faire vraiment mieux avec moins. Car nous voulons sans cesse toujours plus, or il va falloir apprendre à penser et faire différemment. Grande révolution spirituelle et anthropologique en perspective.

En effet, comment obtenir l'adhésion à des mesures qui peuvent au premier abord apparaître comme impopulaires ? En mettant en place la Convention Citoyenne pour le Climat, une idée audacieuse proposée par Cyril Dion et Mathilde Imer, le président de la République Emmanuel Macron a choisi le pari de l'intelligence collective et de la démocratie participative. Tout en étant une réponse à la crise des Gilets jaunes, une continuité du Grand Débat, la Convention désignée par tirage au sort se présente, en 2019, comme une manière de revigorer la démocratie.

Ces 150 personnes représentatives de la société française ne sont soumises à aucun impératif politique autre que l'intérêt général (puisqu'elles n'ont pas de mandat à défendre ni de liens avec les lobbies). Elles tirent leur légitimité d'être des citoyens ordinaires, mais que la prise de responsabilité va contribuer à éclairer. De cette expérience innovante de démocratie participative et de consultation libre du peuple, il ressort plusieurs dimensions positives. Les 150 citoyens ont démontré leur implication dans la vie publique en s'appropriant avec sérieux un sujet complexe et technique. Beaucoup le disent, avant de prendre part à la Convention, elles et ils s'intéressaient à l'écologie comme tout le monde, mais sans être experts ou plus au fait du sujet que ce que les médias ou leur vécu leur avaient appris. Ce ne sont donc ni des idéologues ni des écologistes radicaux à la base, mais des gens normaux qui ont eu une prise de conscience. Pour nombre d'entre eux, elle a changé leur vie. Avoir pu parler avec des spécialistes leur a mis une « claque » sur l'urgence et la complexité des sujets. Loin de se décourager, et consciencieux dans la mission qui leur a été confiée, à savoir proposer des mesures à mettre en œuvre afin de réduire l'empreinte carbone française d'ici 2030, ils se sont attelés à la tâche avec une énergie incroyable. Ils ont ainsi émis plus de cent cinquante propositions, dont plusieurs vont bien au-delà de la seule problématique du climat. Certaines relèvent de l'évidence et du bon sens, d'autres sont plus originales et ambitieuses, voire courageuses, tant elles impliquent de profonds changements dans les institutions, l'économie et la société. Elles ont été débattues, évaluées et votées par des personnes issues d'horizons différents. On ne peut que se réjouir de ce processus. Il en ressort pour commencer un grand enseignement qu'il faut transformer en acquis pour toute la société : l'information et l'éducation participent grandement à l'engagement des citoyens en faveur de l'environnement. J'en suis le premier convaincu, c'est d'ailleurs un engagement que je porte depuis une quinzaine d'années avec la Fondation GoodPlanet. Ainsi, les citoyens sont prêts à accepter et à porter des mesures dont ils comprennent la portée. En tant que personnes responsables, ils n'oublient pas le sens du devoir et démontrent l'importance de la pédagogie afin de rendre acceptable le changement, ils prouvent aussi qu'ils peuvent aller plus loin dans leur volonté de changer le monde que les représentants actuellement élus. En étant détachés de certaines contraintes, les citoyens tirés au sort parviennent à proposer autre chose, en s'appuyant sur la science, en ouvrant des pistes pour réformer nos sociétés et sortir de l'anthropocène. Leur liberté leur donne une grande force et leur fournit la capacité à déterminer l'intérêt général.

Malheureusement, le rôle de la Convention s'avère consultatif et, bien que le pouvoir exécutif, c'est-à-dire le président de la République, se soit engagé à transcrire sans filtre leurs mesures, une fois leur rapport rendu, une nouvelle bataille est à mener : celle de porter jusqu'au bout ces ambitions, surtout face aux réticences des intérêts particuliers, individuels, économiques ou étatiques. Et c'est bien la limite de l'exercice : éviter qu'une consultation ne se vide de sens et déçoive après coup, au risque de renforcer le sentiment de crise de la démocratie et l'écart entre les gouvernants, les gouvernés et les citoyens. Le risque réside dans le fait que ce think tank citoyen finisse aux oubliettes ou rejoigne les piles de rapports pondus chaque année par d'innombrables organisations, élus et institutions. Autant il peut sembler facile de savoir quoi faire pour changer le monde, autant parvenir à surmonter les obstacles du réel et créer assez d'assentiment à ces propositions est une autre paire de manches, et nous en revenons à l'importance de l'éducation pour convaincre et aux capacités des uns et des autres à dialoguer afin de trouver des solutions. Il se peut que la Convention, du fait du détricotage progressif de certaines mesures, soit vidée en partie de sa substance, mais il en restera forcément, espérons-le, quelque chose. Car le changement ne s'opère pas d'un seul coup ; les idées infuseront peu à peu les esprits et à terme deviendront plus tangibles.

J'y vois donc à la fois une expérience formidable qui démontre le rôle de l'éducation pour la transition écologique et le reflet des difficultés persistantes à transformer le monde. Pourtant, c'est une attente qui semble de plus en plus partagée. N'avons-nous pas passé des mois entiers à parler, en 2020, du monde d'après ? À le craindre ? À le rêver ? À en faire l'ébauche ? À tenter de le construire ?

Pourquoi, alors que les chercheurs répètent année après année l'urgence de sortir de cette croissance si dévastatrice, ne le faisons-nous pas ? C'est aussi à ça que tentent de répondre les 150 citoyens de la Convention, qui ont su garder en tête de leur préoccupation la justice sociale, afin de ne laisser personne au bord de la route. Apporter des réponses pour aider les décideurs politiques et fonder l'acceptabilité sociale de la transition écologique. En dix mille ans, l'agriculture a bouleversé le monde et nos modes de vie. En deux cent cinquante ans, les énergies fossiles ont aidé à accomplir de formidables progrès grâce à une ressource bon marché, mais la surintensité de leur usage risque de mettre à mal les conditions favorables à la vie humaine sur Terre… Les enjeux dépassent le seul cadre national. Nous ne sommes pas éternels et, en tant qu'espèce, nous n'avons pas vraiment encore bâti de grand projet pour l'Humanité. Mais en tant que pays et peuple, nous pouvons fonder un projet inspirant, un projet de société écologique, durable et juste. C'est un enjeu pour 2030 et après.

Fin 2020, le devenir de la Convention et de ses propositions demeure incertain. Mais une partie des conventionnels se sont regroupés dans une association afin de poursuivre leur travail au-delà du mandat qui leur avait été confié de rédiger leurs propositions. Les 150 – tel est le nom de leur association – veulent désormais les défendre auprès de l'État, des élus et de l'opinion publique. Ils démontrent ainsi qu'à l'éducation succède l'action.

Chacun peut prendre part à son niveau à la vie de la cité ; cela commence par se renseigner, se documenter et s'informer. Le but de ce livre n'est pas d'être un catalogue exhaustif de ce que propose la Convention, mais d'apporter aux lecteurs une réflexion. Chacun peut prendre le temps de consulter de manière exhaustive ce que dit la Convention. Mais puisque, hélas, tout le monde n'a pas le temps de se plonger dans ses travaux, ce livre se veut un condensé de ce que nous, ma fondation et moi, estimons être le plus efficace ou le plus concret dans nos vies parmi les mesures retenues, même si nous ne savons pas encore ce sur quoi elles déboucheront. Nous vivons une époque pivot, celle de la transition d'un monde vers un autre, durant laquelle il faut aider les générations futures à apprendre des erreurs du passé, recréer des valeurs, rappeler chacun à ses responsabilités, ses droits et ses devoirs. Nous pouvons encore choisir dans quel monde nous vivrons plutôt que risquer de subir des catastrophes et des décisions douloureuses sans cesse retardées. Ce n'est pas parce qu'un projet apparaît comme une utopie, ou qu'il n'est pas parfait, qu'il n'est pas réalisable, mais les horizons à atteindre nous guident parfois vers des changements insoupçonnés. L'Union européenne garante de la paix sur le continent, l'abolition de l'esclavage, l'égalité entre les sexes ou encore la lutte contre le tabagisme ont longtemps été des idées à défendre avant de se concrétiser. Le défi majeur de la génération à venir sera de sortir des énergies fossiles, et nous savons que cela relève du domaine du possible, grâce aux progrès techniques et aux changements de comportements. Maintenant que les pistes existent, à chacun de faire sa part du chemin.

Yann Arthus-Bertrand

Photographe, réalisateur, écologiste, président de la Fondation GoodPlanet

1

Convention Citoyenne pour le Climat : déroulement

La Convention Citoyenne pour le Climat, qu'est-ce que c'est ?

La Convention Citoyenne pour le Climat (CCC) est « *la première expérience démocratique d'ampleur faisant appel au tirage au sort – et donc reconnaissant la capacité de citoyennes et citoyens, ni spécialistes ni militants, de s'exprimer sur un sujet d'avenir majeur* », expliquent les citoyens au début du rapport final remis au gouvernement. Il s'agit tout d'abord de faire confiance à la capacité et la volonté de personnes tirées au sort et volontaires de s'intéresser, se documenter et écouter des experts sur le problème n° 1 de leur époque, pour peu qu'on leur donne le temps et les ressources. Mais il s'agit aussi de s'en remettre à eux pour proposer des réformes justes et bonnes pour le pays. En quelques mois, en effet, les lobbyistes n'auront pas le temps d'entrer dans la vie de ces « messieurs et mesdames

Tout-le-Monde », alors qu'ils appartiennent au quotidien des hommes politiques. « *Citoyennes et citoyens libres, indépendants de tout parti ou influence, représentatifs de la société : nous sommes 150 femmes et hommes âgés de 16 à 80 ans, de toutes origines et professions.* » La CCC, c'est la renaissance du statut de citoyen, sa réappropriation de la chose publique.

L'histoire de la démocratie en France est celle, justement, de l'élargissement du droit de vote et de la notion de citoyen. Au cours du XIXe siècle, notre pays est passé du suffrage censitaire, discriminant par l'impôt ou par un titre, au suffrage universel. Ce dernier, élargi aux femmes en 1944, permet de désigner des représentants lors des élections et de s'exprimer lors des référendums. Cependant, depuis plusieurs décennies, la participation diminue et le système politique est perçu comme de moins en moins efficace et légitime. Des réflexions pour renouveler la démocratie sont apparues concomitamment. Le tirage au sort en fait partie. Ce mode de désignation a longtemps existé pour le service militaire et existe encore pour constituer les jurys de cour d'assises. Même s'il était pratiqué par la démocratie athénienne durant l'Antiquité, le tirage au sort est souvent mal considéré à l'ère moderne car jugé peu rationnel. Il offre pourtant à tous les citoyens la possibilité de prendre activement part à la vie de la collectivité. Pendant la CCC, l'ensemble des Français a pu suivre les exposés des intervenants et les débats sur Internet

– ils sont d'ailleurs toujours en ligne. Et le rapport final est également disponible sur le site de la Convention (conventioncitoyennepourleclimat.fr).

La démocratie participative : des fonctionnements pluriels

Des dispositifs existent sous diverses formes depuis les années 1970, que ce soit au niveau local (comme les conseils de quartier), ou national (comme les référendums d'origine citoyenne en Suisse). Au Texas (États-Unis), ce sont par exemple des « sondages délibératifs » qui ont été menés dans les années 1990 et ont permis d'accroître la part des énergies renouvelables dans l'état. En Irlande, des assemblées tirées au sort ont fait évoluer la Constitution sur les questions de l'avortement et du mariage homosexuel (dans les années 2010).

Aujourd'hui en France, le collectif Démocratie ouverte – dont certains membres ont participé à la CCC – met à disposition sur son site Internet un guide à destination des collectivités qui souhaiteraient mettre en place une convention citoyenne.

Pour qu'elles fonctionnent, ces assemblées doivent être représentatives de la population et transparentes. De plus, elles doivent apporter aux citoyens tirés au sort une information complète et impartiale. Enfin, leurs propositions doivent être relayées par le gouvernement.

« Ce qui rend la Convention Citoyenne française particulière, c'est l'importance de l'enjeu : il est planétaire », précise Loïc Blondiaux, professeur de sciences politiques et expert du sujet.

Quand Emmanuel Macron s'intéresse aux assemblées citoyennes

Pourtant, ce n'est pas à cet enjeu-là que songe le président lorsque, à la mi-janvier 2019, il annonce un *« grand débat national »* censé mettre fin aux mois de révoltes des Gilets jaunes. Il voudrait faire cesser la fronde déclenchée par la proposition d'augmenter la taxe carbone, intégrée au prix final de l'essence. Cette taxe devait financer la transition écologique, à hauteur de moins de 20 % (le reste était notamment destiné aux caisses de l'État et aux collectivités locales). Alors que l'impôt sur la fortune (ISF) venait d'être supprimé, ce projet a provoqué la colère des Gilets jaunes. À la fin du mois d'avril, au moment où le « grand débat » touche à sa fin, le président annonce donc la création d'une Convention Citoyenne pour le Climat. C'est un collectif, les Gilets citoyens, qui la lui a suggérée pour porter des propositions que le gouvernement, échaudé par l'échec de la taxe carbone et les émeutes des Gilets jaunes, n'oserait pas assumer seul. Parmi ces Gilets citoyens, des hommes politiques comme Julien Bayou, d'EELV (Europe Écologie Les Verts), des chercheurs comme le philosophe Patrick Viveret, des figures de l'écologie, notamment l'auteur et réalisateur Cyril Dion, mais aussi des militants pour une nouvelle forme de démocratie, parmi lesquels Mathilde Imer, du collectif Démocratie ouverte. Pour l'anecdote, c'est suite à une interview de l'actrice Marion Cotillard et de Cyril Dion sur France Inter, où ils dénonçaient l'inaction du gouvernement dans le cadre de l'Affaire du siècle (une campagne visant à poursuivre l'État en justice, relayée par la pétition la plus signée sur Internet en France, avec plus de deux millions de signatures), qu'Emmanuel Macron a pris contact avec la comédienne.

Un cadre strict pour assurer indépendance et transparence

Après plusieurs mois de discussions, pendant lesquels Cyril Dion et Mathilde Imer, notamment, fixent les règles du jeu (indépendance vis-à-vis du pouvoir dans le choix des sujets comme dans celui des garants et personnalités qui viendront informer les citoyens, représentativité de l'assemblée, débats retransmis sur Internet, mesures proposées sans filtre au Parlement ou par voie référendaire...), la CCC voit le jour, organisée au sein du Conseil économique, social et environnemental (Cese).

Début juillet 2019, le comité de gouvernance est constitué, coprésidé par Laurence Tubiana, économiste et présidente de la Fondation européenne pour le climat, et Thierry Pech, directeur général du think tank Terra Nova, un « laboratoire à idées » proche de parti socialiste. Cent cinquante Français sont tirés au sort et contactés par téléphone. Beaucoup croient à un démarchage commercial et mettent du temps à comprendre ce qu'on leur propose. Beaucoup également ont comme premier réflexe de refuser, ne se sentant pas à la hauteur de la mission. Mais bientôt, « les 150 » sont là. Ils ont compris qu'ils ne seront pas seuls. Ils ont compris ce qu'on attend d'eux. Ils se glissent peu à peu dans leur nouvelle peau de citoyens actifs. Comme ceux qui, en 1788, avaient répondu à un appel national en rédigeant les cahiers de doléances.

Le vendredi 4 octobre 2019 s'ouvre la Convention. La première assemblée citoyenne tirée au sort va se réunir six week-ends pour entendre des experts, mais aussi des chefs d'entreprise ou des syndicalistes, et délibérer pour parvenir à des propositions concrètes dans cinq domaines : se nourrir, se déplacer, produire et travailler, se loger, et consommer. En juin 2020, lors de la septième session, le rapport final est voté. L'enjeu est immense : les propositions doivent permettre de « *réduire les émissions de gaz à effet de serre de 40 % d'ici 2030 par rapport à 1990, dans un esprit de justice sociale* », mais aussi à convaincre qu'une assemblée de citoyens qui proposent des orientations pour l'avenir de leur pays, cela **fonctionne** !

Une convention qui fait suite à des dizaines de sommets, réunions, protocoles…

Cela fait quarante ans que des rencontres autour du climat s'organisent à l'échelle internationale. La première conférence mondiale a lieu en 1979. On y parle alors de prévoir ou prévenir les conséquences des émissions de CO_2. En 1988, le GIEC (Groupe d'Experts Intergouvernemental sur l'Évolution du Climat) est créé par les Nations unies et l'Organisation Météorologique Mondiale (OMM). Il alerte sur un problème déjà connu. En 1972, 1982 et 1992 se tiennent des Sommets de la Terre. Une convention-cadre des Nations unies sur les changements climatiques est signée, qui reconnaît la responsabilité des pays industrialisés dans la hausse des émissions de GES (gaz à effet de serre) et lance la série des Conférences des parties (les COP, qui se réunissent tous les ans). En 1997, le Protocole de Kyoto est le premier à poser des contraintes : il entre en vigueur en 2005 avec l'objectif de voir baisser de 5 % les émissions de GES. Il est ratifié par cinquante-cinq pays, mais pas par les États-Unis (premier émetteur mondial), et, à cette époque-là, la Chine n'étant encore qu'un pays en développement (en 2007, elle est devenue le premier émetteur mondial de GES), elle n'est pas soumise à des objectifs de réduction de gaz à effet de serre. La COP 21, en 2015, prolonge ce protocole avec l'Accord de Paris. L'objectif n'est alors plus de « prévenir » ni même de baisser les émissions, mais de contenir le réchauffement en dessous de 2 °C.

En France aussi, les rapports des ONG, les tables rondes et les réunions se sont enchaînés, des Grenelle de l'environnement (I et II) lancés en 2007 à la loi sur la transition énergétique pour la croissance verte présentée en 2014. Avec l'objectif de baisser de 40 % les émissions de GES d'ici 2030. Soit le même objectif que celui de la CCC.

La CCC, plus forte que Matignon et le Pentagone réunis ?

Évidemment, on peut avoir des doutes sur la capacité de 150 citoyens à faire bouger des gouvernements qui déploient tant d'efforts depuis presque un demi-siècle pour ne rien changer à leur dogme : toujours plus de croissance. Cependant, la CCC a précisément pour elle de n'être pas composée de dirigeants. Il y a bien des chefs d'entreprise ou des élus parmi les 150 citoyens (une conseillère municipale par exemple), mais ces personnes ne sont pas présentes à ce titre-là. Elles sont au Cese, toutes à égalité, en tant que citoyens ou citoyennes. Pour l'anecdote, une figure de la contestation de Mai-68, l'ancien eurodéputé écologiste Daniel Cohn-Bendit, avait été tiré au sort lors de la phase de sélection des candidats. Il a refusé de prendre part à la Convention. Et comme nous le verrons, chaque conventionnel comprendra très vite que son rôle consiste à réfléchir avec une très grande ouverture d'esprit, en mettant d'éventuels intérêts catégoriels de côté. Les citoyens témoigneront d'ailleurs tous des évolutions de leurs opinions que la Convention a permises, notamment grâce aux interventions des experts, véritables puits de connaissances nouvelles. Cette neutralité de principe et de fonctionnement permet d'éviter deux écueils.

Le premier, c'est celui de l'écologie dite « rétrograde ». Il existe tout un discours sur les écologistes qui voudraient ramener la société à des temps anciens et obscurantistes. Nous en avons eu un bel exemple avec la « *lampe à huile* » à laquelle les « *amish* » (les écolos, donc) voudraient nous faire revenir, selon les termes d'Emmanuel Macron défendant la 5G en septembre 2020. L'argument est caricatural, certes, mais il fonctionne dans les médias et confisque le débat. Grâce à la Convention, on apprend que les citoyens ne voient pas les choses de cette manière. En tous cas, ceux de la CCC ont demandé un moratoire sur la 5G. Sans avoir l'impression de revenir au siècle précédent.

L'idée de sobriété n'est plus la propriété des écolos, elle a fait son chemin dans l'esprit des conventionnels. « *Nous avons vécu, pendant neuf mois, une expérience humaine inédite et intense qui nous a amenés à prendre conscience de l'impérieuse nécessité d'un changement profond de l'organisation de notre société et de nos façons de vivre* », écrivent-ils en introduction du rapport. Le débat autour de la philosophie de la sobriété (qui ferait suite à celle de croissance) va peut-être enfin avoir lieu ! Au moins est-on en droit d'espérer que le concept ne soit plus dénigré par les dirigeants.

D'autant qu'il est associé à une autre idée forte de leur feuille de route, celle de « justice sociale ». Cette idée permet d'éviter le second écueil, celui d'une écologie souvent présentée comme injuste et punitive, car payée au prix fort par les « petits » alors que les plus riches seraient moins impactés. Les conventionnels ont eu très peur, dès le début, d'être instrumentalisés par le gouvernement pour faire passer des mesures injustes socialement, comme la taxe carbone, à l'origine de la fronde des Gilets jaunes. Pour ces Français venant d'horizons différents, l'idée de réformes payées par « la France d'en bas » est intolérable. C'est pourquoi ils ont été attentifs à ce que leurs propositions ne stigmatisent pas les plus précaires. Cela aussi, c'est nouveau. L'écologie n'est plus l'apanage de ceux qui peuvent acheter bio et local, elle se décline en une série de droits et de devoirs pour tous.

« *Le XXI*e *siècle peut être le nouveau siècle des Lumières par une posture politique ambitieuse, vertueuse et démocratique !* », écrivent les conventionnels. Ce n'est rien de moins qu'un nouveau pacte républicain qui est proposé.

Comment 150 anonymes sont devenus « citoyens » de la Convention

Un démarchage commercial, un canular, une erreur... Lorsqu'ils reçoivent l'appel téléphonique qui les informe qu'ils ont été tirés au sort pour participer à une grande rencontre sur le climat, la plupart des 150 futurs conventionnels ne prennent pas la mesure de ce qui les attend. « *J'ai d'abord cru à une erreur,* raconte Éloïse, 17 ans à l'époque, *et j'ai cherché sur Internet. J'ai trouvé un seul lien évoquant la tenue de la Convention au Cese. Comme j'ai des activités militantes, j'ai d'abord cru qu'on me contactait à cause d'elles. Mais pas du tout. C'était juste le hasard.* » Marie-Sylvie, elle, est une des rares citoyennes à avoir compris de quoi on lui parlait : elle avait vu un reportage annonçant la Convention Citoyenne sur France 3. « *J'ai été agréablement surprise d'être contactée.* » Pour tous, ce coup de téléphone bouleverse le quotidien : il va falloir passer plusieurs week-ends à Paris, vendredi inclus, ce qui signifie se mettre d'accord avec son employeur et sa famille. Certains finissent par refuser. Beaucoup acceptent, intéressés par la thématique mais aussi conscients de la chance qui leur est offerte de participer à un moment inédit dans la vie du pays. Un moment historique ? Peut-être. Parmi les « tirés au sort », tous les profils existent. Six d'entre eux sont mineurs et toutes les régions, toutes les catégories sociales, tous les âges sont représentés. Certaines personnes sont très engagées, comme Yolande Bouin, conseillère municipale d'opposition à Douarnenez. D'autres pas du tout, comme Benoît Baubry, agent de sécurité à Marseille, tout juste licencié lorsqu'on l'a appelé, et qui à l'époque ne votait plus depuis un bout de temps.

Les règles du jeu

Le vendredi 4 octobre 2019, les 150 conventionnels arrivent à Paris. La plupart sont venus en train ou en avion, pour les personnes résidant outre-mer. Certains ont rejoint la capitale la veille. Les six adolescents sont pris en charge par des référents qui les accompagnent jusqu'à une auberge de jeunesse, dans le XVIIIe, quand la plupart des autres conventionnels logent à l'hôtel, dans le XVe arrondissement. Ce matin-là, la foule se presse devant le palais d'Iéna, siège du Cese. Manteaux, valises, regards écarquillés, certains sont élégants, la plupart décontractés. Tous découvrent ce beau palais de la République édifié au milieu du XXe siècle et dont beaucoup ignoraient l'existence jusqu'ici. En forme de chapiteau, tout en colonnes et en lumière, c'est le siège du Conseil économique et social, une assemblée consultative formée de membres désignés par les syndicats ou les associations qui agrègent parfois les citoyens à ses consultations, qui s'y installe en 1959. C'est la troisième assemblée de la République, après l'Assemblée nationale et le Sénat. Son rôle est de favoriser le dialogue et d'évaluer les politiques publiques. Elle a vu ses compétences élargies à l'environnement en 2008 et a pris part, par exemple, à la loi de transition énergétique.

Tous ensemble dans l'hémicycle ou en groupes autour de petites tables entre les colonnes de la salle hypostyle, en haut de l'escalier monumental, les conventionnels vont passer presque trois jours, en cette première session, à mettre en route le premier exercice de démocratie participative nationale. Le programme est lourd : il va falloir faire connaissance, distinguer et comprendre les rôles des animateurs, du comité de gouvernance et des garants. Mais aussi intégrer les règles du jeu. Ouf !

L'équipe

Les deux coprésidents de la Convention se présentent. Laurence Tubiana prend la parole. Les conventionnels ne savent pas encore qu'ils sont face à une pointure mondiale de la lutte contre le réchauffement. C'est elle qui a représenté la France pour négocier l'Accord de Paris en 2015. Elle dirige également la Fondation européenne pour le climat. Des sommets et des conventions, elle en a vécu des tas. Mais se retrouver ainsi devant des citoyens, c'est nouveau pour elle. Et Laurence Tubiana en est heureuse : « *C'est une manière de casser les séparations entre les personnes,* dit-elle aux 150. *C'est très bien que les environnementalistes parlent ensemble, mais ça ne suffit pas.* » Thierry Pech, le second coprésident, est directeur de Terra Nova, un think tank qui fait des propositions de politiques publiques. Alors que les 150 ne savent pas encore vraiment ce qu'ils font ici, lui mesure très bien les enjeux de leur présence et de leur futur travail. Cette Convention regroupe les deux principaux enjeux du siècle, explique-t-il : « *renouveler la vie démocratique* », car le fonctionnement vertical ne suffit plus, et faire face au « *défi de la transition climatique, car le péril est là* ». Avec le comité de gouvernance, Laurence Tubiana et Thierry Pech ont préparé une base de travail pour les 150, un « socle d'informations » d'une cinquantaine de pages, synthèse des connaissances sur le dérèglement climatique.

Ensuite, les garants se présentent. Ils sont trois. Le plus célèbre d'entre eux est Cyril Dion, réalisateur avec la comédienne Mélanie Laurent du film césarisé *Demain* qui, en 2015, présentait déjà tout un tas de solutions mises en œuvre un peu partout dans le monde. Il est également écrivain et ancien dirigeant de l'association des Colibris, qui compte des dizaines de milliers de membres en France. C'est lui qui est allé discuter avec Emmanuel Macron et ses conseillers de la possibilité de la CCC. « *J'ai longtemps pensé qu'ils ne seraient jamais assez fous pour abdiquer un peu de leur pouvoir et vous le donner à vous. On y est, c'est déjà extraordinaire* », dit-il avec son optimisme à toute épreuve avant de bien poser les enjeux : « *Nous sommes sur une trajectoire qui nous amène à +5 et +7 °C à la fin du siècle dans les pires projections : une partie de la planète sera inhabitable.* » Silence. Certains se demandent sans doute en quoi 5 ou 7 °C peuvent avoir tant d'impact. « *Il faut des mesures tellement radicales que les hommes politiques n'ont pas le courage de les prendre. Il faut aller loin et que ce soit acceptable pour tout le monde.* » C'est une énorme responsabilité mais aussi un rêve, conclut Cyril Dion : celui de « *faire la démonstration que les solutions peuvent venir de la population, avant les catastrophes* ».

Premier expert, première claque : le climat se modifie dangereusement et très vite

Installés autour de plusieurs tables, dans la salle hypostyle, entre les colonnes blanches qui tranchent avec la moquette bleu vif, les 150 font face à Valérie Masson-Delmotte. Elle est paléoclimatologue. Autant dire qu'elle a un certain recul sur la question climatique. Un recul qui remonte même aux glaciations. De cette femme pédagogue qui explique souvent à l'aide d'images simples, les conventionnels seront nombreux à dire qu'elle a été leur « *premier choc* ». Ce sont les mots de William Aucant, architecte, qui a d'ailleurs fait référence à la présentation de Valérie Masson-Delmotte dans une tribune publiée en octobre 2020 dans *Le Monde*. « *Les deux premiers jours de la CCC ont suffi à nous donner le vertige du défi climatique.* »

Valérie Masson-Delmotte va ramener les citoyens à l'essentiel. Entre les 150 circulent deux animateurs qui expliquent que la rencontre ne se déroulera pas comme on l'attend, par un exposé et quelques questions s'il reste du temps. Non. Ce sera l'inverse. Et c'est une dame âgée venant de Bordeaux, Florence, qui prend la parole en premier. « *Sait-on ce qui a amené le grand refroidissement du XVIII*e *siècle, époque où par exemple, à Bordeaux, on vendait le vin gelé, au poids, au lieu de le vendre en bouteilles ?* » L'animatrice, craignant le hors sujet, coupe poliment Florence et lui demande quel lien elle voit entre sa question et la problématique du réchauffement. « *Si on explique ce qui a amené le refroidissement du climat à cette époque, peut-être peut-on créer les mêmes conditions pour l'obtenir aujourd'hui. Voilà !* », s'agace Florence, qui n'entend visiblement pas qu'on la prenne pour une cruche. Le ton est donné : les citoyens sauront s'imposer et ne se laisseront pas museler par les animateurs.

Dans une présentation brillante et très pédagogique, Valérie Masson-Delmotte répondra à toutes les questions, en donnant quantité d'autres informations : « *Nous pouvons aujourd'hui modéliser le climat.* [...] *Ces modèles sont nos outils pour explorer les évolutions futures.* [...] *Le climat varie en réponse à des facteurs naturels comme les éruptions volcaniques. Les glaciations, elles, correspondent à – 5 °C au rythme d'un degré tous les mille ans. On est à + 1 °C depuis la fin du XIX*e *siècle* [soit un peu plus de cent ans]. *On sort complètement des variations des derniers deux mille ans. C'est nouveau, c'est rapide par rapport aux changements passés et c'est global.* [...] *À partir de 1750, début de la révolution industrielle et de l'utilisation du gaz, du pétrole et du charbon, on émet 40 % de* CO_2 *de plus qu'auparavant. Pour le méthane (émis par l'élevage intensif, la fermentation dans les rizières ou les décharges...), on est à 2,5 fois le niveau naturel. 15 à 40 % de ce qu'on envoie dans l'atmosphère y sera encore dans mille ans. Nous créons un déséquilibre. Nous ne pouvons pas revenir au climat d'il y a trente ans. Mais il y a plein de futurs possibles. Si on réduit massivement nos émissions, le réchauffement continuera et se stabilisera à un niveau relativement bas. Mais si on continue à rejeter, on peut avoir 4 ou 5 °C de plus. À court terme, les conséquences sont similaires, mais à long terme, les effets seront complètement différents : à 1,5 °C de réchauffement, on n'aura plus de banquise à la fin de l'été au pôle nord une année sur cent alors qu'à 2 °C de réchauffement, ce sera une année sur trois.* » Les phénomènes comme les tempêtes ou les ouragans seront en outre de plus en plus violents. En France, les deux tiers de la population sont exposés aux risques climatiques (sécheresse, inondations, tempêtes...). Chacun repart sonné. En ayant compris que pour stopper tous ces mécanismes, il faut passer de 11 à 2 tonnes de CO_2 émises par Français et par an.

Les doutes des citoyens, les premiers débats

Les interrogations des citoyens ne concernent pas que le climat. Comment obtenir un consensus à 150 ? Comment se parler en dehors des sessions ? Il faut que la population soit au courant de ce qui se passe au Cese, dit une jeune fille : les réseaux sociaux doivent tout retransmettre ! Ne sommes-nous ici que pour légitimer des solutions déjà connues, demande un autre, pour lever des blocages ? Le gouvernement se décharge-t-il sur nous ? L'objectif est-il réaliste et atteignable ?

La parole est maintenant aux membres du gouvernement. Le Premier ministre Édouard Philippe et la ministre de la Transition écologique Élisabeth Borne sont arrivés. Les 150 leur demandent rapidement des garanties. Delphine voudrait savoir ce que deviendront les mesures si elles touchent aux groupes industriels. Seront-elles prises en compte ? Marie-Hélène, de Paris, demande quant à elle dans quels délais les mesures seront appliquées. Édouard Philippe promet aux 150 de transmettre leurs propositions « sans filtre », comme l'a déjà promis Emmanuel Macron, et au plus vite. Comme s'il croyait à la CCC, il dit aux citoyens qu'« *il y a des rendez-vous qu'on est heureux de ne pas manquer* ». Et comme s'il n'y croyait pas vraiment, il leur dit aussi qu'il y a différents degrés de réussite, que le premier serait « *d'arriver à s'entendre* », avant de parler de vote ou de mise en application des propositions. Pour les conventionnels, l'ambition est plus haute. Lorsque les animateurs leur demandent d'exprimer leur vision de la réussite, ils parlent de propositions reprises *« en Europe et dans le monde »*, de *« baisse des émissions non pas de 40, mais de 65 % »*, d'une *« France exemplaire »*, de *« faire cesser les lobbies »*.

En groupe, unis et critiques face aux experts

Les citoyens sont maintenant répartis en groupes de travail. En tout, il y a cinq groupes qui correspondent aux cinq domaines de travail définis par la Convention : « Produire et travailler », « Se nourrir », « Se loger », « Se déplacer » et « Consommer ».

En attendant de se lancer dans les premiers travaux en équipe, quelques experts sont encore entendus. Certains suscitent la méfiance de conventionnels, comme Augustin de Romanet, qui dirige Aéroport de Paris (ADP). *« Je me suis dit, attention, il va faire du lobbying. Des quatre experts, c'était lui le plus affolé »*, se souvient Benoît Baubry. *« Pourquoi les entreprises ne se mobilisent-elles pas pour agir contre le réchauffement ? »*, lui demandent plusieurs conventionnels. *« Le phénomène est récent et inouï.* [...] *Nous n'en dormons pas »*, s'effraie en effet M. de Romanet. Il répond ensuite à la question en affirmant que les entreprises sont très impliquées, mais conclut en faisant référence au problème du *« passager clandestin : si un pays arrive à réduire à 0 ses émissions, mais qu'il est seul à le faire, alors il se sacrifie pour un bénéfice tellement dilué qu'il en perd la perception* ». Par cet exemple, le dirigeant d'ADP exprime bien les difficultés des grands groupes à se lancer dans de véritables réformes, qui transformeraient leur modèle économique. Et si nous sommes les seuls ? Et si personne ne nous suit ? Notre marché ne correspond pas à ces impératifs-là, laissons faire les autres d'abord…

« *Avec lui, on a vu un homme de l'ancienne génération, accroché à son modèle économique* », analyse Matthieu Sanchez, un citoyen. Le modèle de la croissance, du toujours plus de consommation. « *Celui qu'il faudrait changer, précisément.* » Les experts informeront les 150 de la « *tragédie des horizons* », ces retours sur investissement qui doivent être prévisibles à moyen terme afin que les entreprises acceptent de se lancer.

À l'issue de ce premier week-end, les conventionnels repartent chez eux gonflés à bloc. Dans les « messages clés » qu'ils ont voulu laisser, on peut lire : « *Notre exercice est difficile et nous en sommes conscient.e.s. C'est un exercice démocratique inédit dans l'histoire de la République. Les propositions venant du peuple, nous sommes en train d'inventer une nouvelle forme de démocratie !* » Ou encore : « *Nous sommes une Convention libre, transparente et indépendante du gouvernement. Nous sommes informé.e.s par des expert.e.s qui nous apportent des éclaircissements pour construire nos réflexions.* » Certains expriment des envies d'investissement au niveau local.

Ils redoutent aussi, déjà, des « *points de blocage* ». En petits groupes, ils ont listé leurs craintes. Ils redoutent par exemple que « *l'obsession pour la croissance, les indicateurs de PIB et la logique de bénéfice* [soient] *un frein à la transition* » et constatent que « *la logique d'intérêt financier prime sur l'intérêt commun* ». Ils estiment que « *les grands groupes et les lobbies exercent une pression directe sur le gouvernement, qui par conséquent n'investit pas dans l'écologie* », constatent « *un manque d'engagement des grandes entreprises, et se demandent comment les inciter ou les contraindre à changer leur fonctionnement* ». Des blocages au niveau politique sont également notés, notamment « *un manque d'engagement et de courage de la part de l'État et des élus* ».

Enfin, sur le plan individuel, les participants se posent la question, « *dans le contexte actuel, de la capacité des citoyens à accepter de changer leur mode de vie* ». « *La situation individuelle de chacun peut être un blocage, certaines personnes ne sont pas dans une situation sociale qui leur permet de se préoccuper d'écologie.* » Ils déplorent « *un manque de moyens ou de volonté pour éduquer et accompagner les citoyens pour comprendre le problème et adopter de nouveaux comportements* ».

« *Le blocage,* écrivent-ils, *c'est qu'aujourd'hui la culture de consommation domine toujours notre mode de vie individuel.* »

Des débats riches, argumentés et contradictoires donnent naissance à 150 propositions

« *J'espère que vous avez passé trois semaines studieuses et que vous revenez riches de vos échanges !* » Thierry Pech ouvre la deuxième session (les 25, 26 et 27 octobre 2019) avec enthousiasme. Seuls quatre conventionnels sur les 150 sont absents pour raisons médicales. Laurence Tubiana insiste sur les événements qui ont émaillé les quelques semaines ayant suivi la première session de la CCC : les marches pour le climat (un million de personnes en Italie) ou le mouvement Extinction Rebellion qui a bloqué le métro de Londres. Le rapporteur Julien Blanchet se réjouit des deux cents retombées médiatiques (trois journaux télévisés, quatre-vingts radios, quarante articles dans la presse écrite…) et parle du succès sur Twitter du #CCC. Les citoyens, de leur côté, ont des ressentis très variés depuis leur retour à la maison. Grégoire est allé voir son maire, qui lui a expliqué les blocages rencontrés en tant qu'élu local. Beaucoup parlent d'intérêt et de curiosité de la part de leurs proches. De « *pas mal de scepticisme* » également, comme le dit Jean-Luc, « *sur la façon dont ce sera porté. Est-ce que ce sera un coup d'épée supplémentaire dans l'eau ? Qui va vouloir porter nos propositions au risque de jouer sa place, parmi nos élus ?* » Le doute est toujours présent. Et pas seulement en ce qui concerne « l'après ». Comme le noteront les 150 en conclusion de la session 2, « *il y a un sincère engagement de la Convention et une prise de conscience de l'urgence, mais nous avons encore un doute sur où nous allons, nous avons dix-huit jours et pas six mois, c'est un peu frustrant de travailler pour définir les propositions dans ce cadre limité.* »

Nicolas Hulot et les limites du ministère de l'Environnement

Ces dix-huit jours vont être extrêmement riches et permettre aux citoyens d'élaborer des idées précises. Selon leur groupe, ils vont demander à auditionner des experts en lien avec leur thème (des architectes, des urbanistes, des spécialistes du bâtiment ou de la rénovation pour le groupe « Se loger », par exemple). Mais en séance plénière, certaines rencontres vont les marquer. Comme celle avec Nicolas Hulot, président d'honneur de la Fondation Nicolas Hulot pour la Nature et l'Homme et ancien ministre de la Transition écologique et solidaire. Ce sont les 150 qui ont demandé sa venue. « *Par rapport aux enjeux du XXIe siècle, on n'est pas en déficit d'intelligence ni de moyens, mais on manque d'intelligence et de volonté collective,* leur dit-il en introduction. *La science a posé un diagnostic : c'est bien de notre survie qu'il est question. Nous pouvons éviter à nos enfants d'être dans un monde cruel. Mais il faut faire les choses en grand. Allons-nous protéger la vie, l'avenir de nos enfants, l'habitabilité de la planète ?* »

Nicolas Hulot insiste sur les liens entre justice sociale et crise climatique : « *L'enjeu est social. La crise climatique* [le dérèglement du climat] *et la crise écologique* [la disparition de nombreuses espèces animales] *vont déterminer tout le reste si on laisse les phénomènes nous échapper.* [...] *Le monde est connecté : ceux qui subissent désormais le savent. Les racines des crises sociales et écologiques sont les mêmes : celles d'un modèle qui détruit, accapare et ne partage pas. Il faut donner un statut aux biens communs* [...] *et lever un malentendu : c'est le grand sujet, le prisme à travers lequel doivent passer toutes nos décisions.* »

Les conventionnels ont formulé quarante-cinq questions pour l'ancien ministre. « *Les lois déjà votées sont-elles efficaces ?* » « *Faut-il un ministère ?* » « *Comment rendre l'action publique plus efficiente ?* » Nicolas Hulot prend des exemples : « *La loi EGalim* [loi de 2018 pour une alimentation saine et durable et pour un meilleur équilibre des relations commerciales dans les secteurs alimentaires et agricoles] *est une loi qui manque d'ambition et de moyens : on se donne trop peu de marge de manœuvre. Pourtant, en 2008, lors de la crise financière, on a su faire tourner la planche à billets !* » Sur le poste qu'il a occupé, il redit : « *Idéalement, il n'y a pas de ministère de l'Environnement, mais un vice-Premier ministre qui a autorité sur les autres*. » Et concernant l'action publique et les traités déjà signés, il ose : « *Il va falloir sortir des clous : les traités ne sont pas des lois divines.* »

Les 150 posent ensuite une des questions qui les inquiètent : « *Comment agir contre les blocages ? Les lobbies ?* » Nicolas Hulot répond que les verrous prennent plusieurs formes. « *Il y a des verrous culturels – certains pensent que la science ou la technologie vont permettre de trouver une solution. Il y a des verrous économiques également, du côté des secteurs qui doivent changer et qui résistent à ce changement.* [...] *Et puis, on n'a plus le sens de la planification. Or il faut penser trois principes de transition : 1/ on fixe un objectif, 2/ on crée les conditions de sa réalisation en évaluant les alternatives, 3/ on ne revient pas en arrière.* » Il prend l'exemple du nucléaire et prône une sortie progressive. En ce qui concerne la fiscalité, Nicolas Hulot rappelle que « *tout un pan de l'économie échappe à l'impôt. Ceux qui s'exonèrent de la fiscalité sont les mêmes qui abritent les pavillons de complaisance qui permettent à des cargos ne répondant pas à des règles de sécurité suffisantes de naviguer. Les paradis fiscaux existent aussi en Europe, or l'UE ne s'est pas donné pour objectif de mettre fin à l'optimisation fiscale ni à la spéculation.* » Pour faire bouger la finance, il insiste sur la nécessité de donner un prix au carbone. « *S'il n'est plus rentable, l'économie peut basculer.* »

Enfin, l'ancien ministre suggère de compléter l'article 1 de la Constitution, une idée sur laquelle sa fondation a planché. Il s'agirait d'ajouter un paragraphe disposant que la République garantit la protection de l'environnement, de la biodiversité et la lutte contre le réchauffement climatique. « *Il s'agit de bloquer tout recul politique, de cranter des choses, définitivement, irréversiblement.* » N'ayez pas peur de taper fort, tel est le sens de son message aux conventionnels.

Permettre le passage à l'acte

Pour donner vie aux idées, il faut s'outiller. C'est le rapporteur Julien Blanchet qui a employé le premier un vocabulaire que les 150 vont devoir maîtriser. Les « outils de politiques publiques », ceux qui permettront de faire bouger les choses, sont divers : bonus ou crédit d'impôt pour les outils incitatifs, taxes ou malus pour les outils dissuasifs par exemple. Quentin Perrier, de l'Institut de l'économie pour le climat (I4CE), identifie trois leviers. Tout d'abord le levier fiscal. « *Certains secteurs, comme le secteur aérien ou celui des transports paient peu de taxe*s *alors qu'ils émettent beaucoup. Il existe quarante niches fiscales qu'il est possible d'utiliser* », précise-t-il. Il indique également des logiques qu'il faudrait peut-être inverser. Ainsi, les consommateurs qui achètent des véhicules polluants sont plus taxés après l'achat qu'avant (à travers les taxes sur les carburants). Les aides constituent un deuxième levier : les subventions pour les travaux de rénovation effectués par les ménages, par exemple, ou encore l'investissement public dans les transports collectifs. « *Il manque 7 à 9 milliards d'euros de financement public, soit 2 % au plus du budget de l'État, pour être en phase avec la stratégie bas carbone.* » (Une feuille de route que s'est fixée la France pour arriver à zéro émission en 2050.) Enfin, les normes et la réglementation sont le troisième levier. Un exemple : l'interdiction des véhicules Diesel à Strasbourg en 2025.

Forts de ces pistes d'action, les conventionnels commencent à travailler en groupe. Ils continuent à auditionner des experts, selon leur thématique et souvent à leur demande. Dans le groupe « Se déplacer », par exemple, on réunit le même jour Priscillia Ludosky, célèbre Gilet jaune à l'origine d'une pétition pour la baisse du prix des carburants, et Louis Gallois, ex-président de la SNCF, ex-directeur d'Airbus et actuel président du Conseil de surveillance de Peugeot. Peu d'assemblées auront rassemblé deux profils aussi différents.

Enfin, les citoyens rencontrent, sous la forme de « speed dating » de quelques minutes, des « porteurs de propositions ». Ce sont des personnes de tous horizons, capables de suggérer des actions. Par exemple, Philippe Huyghe, un élu de la Drôme, est venu expliquer comment sa vallée est aujourd'hui occupée par 40 % de terres agricoles en bio et se dirige vers l'autonomie énergétique. « *Nous avons parlé réglementation,* dit-il, *pour favoriser l'économie circulaire à partir des ressources locales.* » Les 150 rencontrent également Flore Berlingen, ancienne directrice de l'association Zero Waste, spécialiste de la question des déchets, Fabrice Bonnifet, du groupe Bouygues, une responsable de l'appli Too Good to Go, qui vise à lutter contre le gaspillage alimentaire, ou encore un directeur du constructeur Vinci…

Les citoyens écoutent, posent des questions, n'hésitent pas à challenger voire à bousculer les intervenants. Ils confrontent ensuite leurs commentaires. Pour Mathilde Imer, du comité de gouvernance, « *on entre dans le dur, on voit apparaître des conflits qui reflètent ceux qu'on retrouve dans la population. J'ai hâte de voir quels sujets seront prioritaires.* »

Et puis il y a la plateforme contributive, ouverte sur Internet en open source. Tout citoyen ou toute institution, association ou entreprise peut y poster un avis, une idée, un commentaire. Lors des deux premières semaines, elle a engrangé mille contributions de citoyens et de trente et une organisations, comme la CGT ou France Nature Environnement, surtout concernant les thématiques « Consommer » et « Se déplacer ». Des citoyens volontaires font la synthèse de ce que les Français écrivent, synthèse qui sera restituée aux 150. On peut y lire des idées assez précises, comme « *interdire l'eau en bouteille dans les établissements publics afin de ne pas véhiculer l'idée que l'eau en bouteille serait forcément plus saine que l'eau du robinet* » ou encore le fait qu'il faudrait « *supprimer les lois interdisant l'appel au boycott* ».

Une proposition à la loupe

Pour bien comprendre comment émergent les idées dans les groupes, comment elles sont creusées, élaborées puis repoussées ou bien validées et présentées en séance plénière aux 150, William Aucant nous raconte le parcours de celle qu'il a portée au sein du groupe « Se loger ». Il s'agit de la proposition SL.3, « *Lutter contre l'artificialisation des sols et l'étalement urbain en rendant attractive la vie dans les villes et les villages* », déclinée en treize amendements. L'artificialisation des sols, c'est la transformation de sols « naturels » (bois, forêts, prairies ou champs) en espaces bitumés et/ou bétonnés, notamment aux abords des villes. C'est « l'étalement urbain » sous forme de zones commerciales, de zones industrielles ou de lotissements. Cet étalement engendre une perte d'espaces naturels et agricoles, détruit les habitats de nombreuses espèces et favorise les inondations, en entraînant l'imperméabilisation des sols. C'est l'équivalent d'un département qui disparaît ainsi tous les dix ans. Pour William, 34 ans, architecte dans la région de Nantes, la mesure est tout de suite apparue comme évidente. « *J'y ai pensé avant même d'intégrer le groupe "Se loger", car en tant que professionnel, c'est un sujet qui me tenait à cœur. J'en ai parlé dès les premières sessions. D'ailleurs, le terme d'"artificialisation" était noté dans le glossaire du socle d'informations qu'on nous a remis au début de la CCC.*

Ce qui est une bonne chose, car le grand public ignore son sens en général. »

Lors de la deuxième session, William demande à ce que le groupe « Se loger » entende un architecte et un élu. Ce sera chose faite. Mais d'abord, José Claire, de l'Ademe (Agence de la transition écologique), précise quelques chiffres. Pour donner une idée du développement des maisons individuelles en France, il rappelle que si la population a augmenté de 10 % entre 1993 et 2012, les constructions, elles, ont bondi de 30 %. Avec des surfaces en augmentation : alors que dans les années 1970 on se contentait de 23 m² par personne en moyenne, aujourd'hui les Français aspirent à des logements plus grands (la moyenne est passée à 40 m² par personne). Un représentant des communes rurales rappelle que la construction de lotissements est un argument électoral dans les campagnes. Or, construire une maison neuve revient à consommer quarante fois plus de matériaux que rénover un logement ancien. L'architecte Christine Leconte, présidente de l'ordre des architectes d'Île-de-France, est une femme passionnée qui a pourtant arrêté la maîtrise d'œuvre sur les chantiers car elle allait contre ses convictions. « *Démolir pour reconstruire et installer des climatisations alors qu'on sait rénover et aussi isoler avec des matériaux sains comme le chanvre, ce n'est pas aller dans le bon sens.* » Cette conviction, William la partage. Elle va évidemment au-delà des constructions de zones pavillonnaires et concerne également les zones commerciales et les zones industrielles. En fin de session 2, la proposition de lutter contre l'artificialisation des sols et l'étalement urbain est validée par le groupe.

Une fois l'idée maîtresse entérinée, il a fallu développer l'objectif. Sur les treize amendements (définir un nombre d'hectares maximum pouvant être artificialisé selon les régions, interdire l'artificialisation tant que des réhabilitations de friches sont possibles, faciliter les réquisitions de logements vacants, financer les rénovations dans les petites communes, maintenir les écoles en milieu rural...), William en a soutenu deux. Le numéro 8, qui stipule d'« *évaluer le potentiel de réversibilité des bâtiments avant toute démolition* », et le numéro 9, qui permet « *la construction d'immeubles collectifs dans les zones pavillonnaires* ». « *L'idée de mixité sociale, de commerces de proximité en rez-de-chaussée des bâtiments est importante*, estime-t-il. *Nous avons discuté des amendements à distance, en webinaire pendant le confinement. Il y a eu des débats passionnants sur la ville de demain.* » Si le mot « densification » effraie encore, les 150 sont parvenus à imaginer une ville compacte mais séduisante, où chacun trouve un espace d'intimité et un accès aux extérieurs. « *La maison individuelle avec son jardin, qui était jusqu'à présent le but et l'investissement d'une vie, peut évoluer vers d'autres modèles d'habitat. C'est l'objet de l'amendement 11, qui vise à "construire une nouvelle culture de l'habitat collectif", moins gourmand en espace et moins énergivore.* » Pour William, la réflexion autour de sa proposition a été un « *vrai plaisir* », car le groupe s'est approprié le sujet.

Au sein des différents groupes, les conventionnels se sont souvent rejoints. Ainsi le groupe « Se nourrir » a lui aussi pensé à la lutte contre l'artificialisation des sols, en plus des idées suivantes :

- lutter contre le gaspillage alimentaire ;
- renforcer l'information des consommateurs ;
- valoriser les circuits courts ;
- réformer la PAC ;
- développer de nouvelles pratiques agricoles ;
- réglementer la pêche ;
- étendre et pérenniser la loi EGalim ;
- réformer la formation dans les lycées agricoles ;
- réfléchir à un modèle de politique commerciale d'avenir, soucieux d'encourager une alimentation saine et une agriculture faible en émissions de GES en France ;
- améliorer le traitement des déchets organiques...

Le groupe « Produire et travailler », de son côté, liste des idées dont voici quelques exemples :

- prolonger la durabilité des produits manufacturés en rendant obligatoire la possibilité de réparer le produit, ou la fourniture des pièces détachées ;

- rendre obligatoire le recyclage de tous les objets plastiques d'ici 2025 ;
- accompagner la reconversion des entreprises et la transformation des métiers au niveau régional ;
- ajouter un bilan carbone au bilan comptable des structures…

Dans l'hémicycle, les citoyens se retrouvent ensuite pour s'informer de ce qui a été dit dans chaque groupe. Guy explique qu'au sein de « Produire et travailler », on a évoqué des besoins de pédagogie et de formation. Le groupe « Consommer » a eu la même réflexion, incluant des questions par rapport à l'impact de la publicité. Le groupe « Se loger » a aussi parlé de formation, celle des artisans, par exemple, en ce qui concerne les rénovations. Un groupe a débattu du marché du carbone, actuellement à 25 euros la tonne, et dont le prix devrait monter. Un autre groupe aborde la question sous l'angle de la transparence des émissions de CO_2 par les entreprises. Certains se demandent comment gérer les activités numériques en devenir, dont les émissions vont augmenter, tandis qu'un autre groupe évoque l'impact des déchets des produits numériques. Déjà des idées plus précises émergent, comme celle d'un label qui ressemblerait au Nutriscore et informerait les consommateurs de l'impact de leurs achats.

La question de la justice sociale reste présente, centrale. On parle rénovation, mais il s'agit de « *ne pas renforcer les discriminations* [au logement], *ne pas pénaliser les plus démunis* ». Carton bleu : on est d'accord sur la synthèse. Carton jaune : on veut réagir et amender le texte en construction. Un formidable processus est en route, celui de l'intelligence collective. Des idées fortes émergent, déclinées différemment selon les groupes. Elles représentent les pistes qu'il va falloir creuser pour aller dans un seul sens.

« L'escouade », justement, est le groupe de travail qui a pour mission d'approfondir des sujets identifiés comme transverses. Ceux de l'éducation ou de la formation que l'on vient de citer. Mais aussi ceux qui visent à « *faire évoluer la Constitution* », ou ceux qui abordent la question du financement avec trois idées : d'abord en garantissant que la destination des financements (publics ou privés) est bien fléchée et cohérente par rapport à l'objectif de réduction des émissions GES ; ensuite en étudiant l'opportunité de la création d'une banque du climat ; enfin en sortant de l'assiette de la dette (selon les critères de Maastricht) les investissements décarbonés, c'est-à-dire liés aux énergies vertes.

Les propositions sont également encadrées par les regards précis de spécialistes, les « facts checkers ». Ils vérifient tel chiffre, telle donnée ou telle tendance dès lors que deux invités se sont contredits ou qu'une idée semble farfelue. Les propositions sont ensuite soumises au « comité légistique », une équipe de juristes qui étudient tout d'abord si ces propositions sont compatibles avec le droit. Ne seront-elles pas bloquées car contraires à la Constitution, par exemple ? Les légistes étudient également comment les insérer dans des lois existantes le cas échéant, ou comment les formuler. Souvent, ils montrent ce qu'ils appellent les « points d'attention ». Par exemple, dans le cas de la proposition sur l'artificialisation des sols, les légistes indiquent que le code de l'urbanisme ne connaît même pas les termes « *artificialiser* » ou « *artificialisation* » ! Le code parle de « *consommation de l'espace* », mais devrait évoluer grâce à un récent projet d'ordonnance.

Ces blocages irritent parfois les conventionnels qui considèrent que lorsque des textes empêchent d'avancer, ce sont les textes qu'il faut réformer au lieu d'abandonner les idées. Dans le cas de la proposition sur l'artificialisation des sols, les légistes estiment également qu'il est « *difficile de fixer une norme de réduction en surface et sur une période sans qu'elle soit sujette à contestation* ». Ils préconisent d'inscrire la règle « *en tête du code de l'urbanisme, dans les principes et objectifs généraux* ». Le comité légistique n'a donc pas pour seul rôle de souligner les problèmes : il propose également des solutions.

Les « évaluateurs d'impacts »

Émissions de CO_2, social, emploi… Le « groupe d'appui », de son côté, est là pour donner un avis sur l'impact des premières mesures pensées par les 150. En quoi les propositions contribuent-elles à l'objectif ? Quelles questions posent-elles en termes de justice sociale, de coût et de faisabilité technique ? Dans quel cadre, plus général, les intégrer ? À la lecture du rapport final, les experts seront plutôt positifs : ils estiment que si les mesures sont appliquées avec rapidité, elles auront un impact dans l'ordre de grandeur des 40 % fixés par la feuille de route, car elles forment des « blocs bien ciblés ».

Sébastien Treyer, de l'Iddri (Institut pour le développement durable et les relations internationales), demande cependant aux conventionnels de réfléchir à la temporalité de leurs propositions. Certaines mesures auront un fort impact dès demain, d'autres poseront les bases pour 2030… et il faut, bien entendu, les deux types de mesures.

Justice écologique = justice sociale

Agnès Michelot, juriste à la Société française pour le développement de l'environnement, a rédigé un avis avec le climatologue Jean Jouzel sur la justice climatique et son articulation avec la justice sociale. Elle parle de « *l'angle mort des politiques publiques* », cet oubli, dans les stratégies de santé et de développement, du fait que crise écologique et crise sociale se cumulent pour les plus faibles. En synthétisant, elle explique qu'« *il y a cinq niveaux de justice. Le premier est entre les États : les petits pays insulaires qui subissent le changement climatique sans en être responsables doivent-ils assumer seuls ? Le deuxième se situe entre les individus : comment aider les plus vulnérables économiquement ? Le troisième pose une question de justice entre les territoires : les difficultés ne sont pas les mêmes à La Rochelle et à Grenoble, certains territoires ont moins de moyens que d'autres, notamment les territoires d'outre-mer. Il y a aussi une question de justice entre les espèces, au sein de la Nature. La question de nos relations se pose sur le plan éthique. Enfin, la justice entre les générations est questionnée : alors que le climat d'aujourd'hui est la conséquence des décisions prises il y a trente ans, quelles conséquences ont nos décisions actuelles ?* » Une recommandation est faite : évaluer systématiquement toute politique au regard des 20 % les plus pauvres et penser une fiscalité progressive. Par rapport aux populations fragiles, il est envisagé de modifier les politiques assurancielles pour reloger, par exemple, les personnes dont la résidence principale est sinistrée (comme les habitants de la vallée de la Roya, détruite en octobre 2020 suite à des pluies torrentielles et une montée des eaux). Il est proposé d'établir un lien entre climat et santé : les risques vasculaires, le développement de nouveaux virus, les problèmes respiratoires liés au climat dont les plus fragiles seront les premières victimes.

Presque à mi-chemin de la Convention, les 150 peuvent alors écrire, dans leur message-clé de fin de session 3 : « *Nous sommes monté.e.s en compétences sur les questions environnementales et sociales, nous allons commencer à travailler sur les solutions.* [...] *Nos points de vue sont très différents et rendent les décisions difficiles à prendre mais garantissent des décisions justes et équitables.* »

La fin de la Convention : les derniers débats, les votes

À partir de la session 4, qui se tient les 10, 11 et 12 janvier 2020, les 150 citoyens savent qu'il s'agit maintenant de donner forme au « livrable », comme on appelle parfois le futur rapport. Parmi les propositions, il va falloir déterminer lesquelles devront s'inscrire dans la loi et être présentées au Parlement, lesquelles pourront être inscrites dans un règlement existant et quelles idées devront être soumises à référendum.

Rencontre avec le Président

Le président de la République a été sollicité : certains citoyens souhaitent le rencontrer. Emmanuel Macron accepte l'invitation et vient répondre à leurs questions. « *Ce que vous avez accepté de faire, j'y crois très profondément. Je suis vos débats, je sais que vous êtes lucides* », leur dit-il en introduction. Puis il les remercie : « *Vous donnez de votre temps, je sais combien vous êtes engagés, vous y mettez de vos convictions personnelles.* » Pour le président, la CCC, qu'il a lancée, répond à un besoin de notre système politique. « *Les démocraties ne vont pas bien car leurs formes ne répondent plus aux exigences du temps présent. On a des Constitutions qui ont des décennies alors que les modes de communication, d'échange, de représentation du monde se sont bouleversés, notamment sur le plan technologique.* [...] *Nos sociétés font face à des changements inédits : des changements technologiques et des changements climatiques. La société est parcourue de peurs, plus personne ne peut dire qu'il n'est pas informé. Pour autant, on a des habitudes, des pratiques qui ne sont pas cohérentes avec cette conscience. Il y a de grandes résistances.* » Il rappelle l'urgence d'agir, évoque les feux en Australie qui continuent à brûler alors qu'il parle, la perte de la biodiversité. Il évoque une « *prise de conscience personnelle depuis le rapport de l'IPBES* », Plateforme intergouvernementale scientifique et politique sur la biodiversité et les services écosystémiques. Pas encore bien connue, l'IPBES, formée en 2012, a vocation à être pour la biodiversité ce que le GIEC a été au climat : un groupe international d'experts informant les gouvernements.

Le Président revient ensuite sur les manifestations des Gilets jaunes, qui ont provoqué le « grand débat » et la création de la CCC. « *Ils nous ont dit : "J'ai un problème de fin du mois et de fin du monde."* [...] *L'une des difficultés, c'est de concilier les contraires.* [...] *Il faut créer du consensus pour agir vite et plus fort.* »

La France peut-elle être leader en matière de changement climatique ? demande un citoyen. « *On peut tout à fait être leader, avec l'Europe,* répond le Président, *si l'on prend des mesures radicales et grâce au modèle historique du nucléaire. Il nous manque d'accélérer la recherche et la production sur le renouvelable.* »

Enfin, le Président rassure les 150. Il sait qu'ils craignent profondément que leur travail ne soit pas repris. « *J'ai pris un risque en lançant la démarche, ça aurait pu ne pas marcher, mais elle est un succès à ce stade.* [...] *Moi, je m'engage : ce que vous mettrez sur la table, il n'en sera pas rien fait.* [...] *Si on veut ensemble réussir, j'ai besoin que vous preniez des options fortes, responsables. Elles peuvent être radicales, en expliquant comment on les met en œuvre, comment on les finance, où on met les contraintes pour que ça marche. Je peux vous proposer de venir vous rendre compte personnellement. On définira les moyens d'un suivi de votre travail.* »

La question de la biodiversité

Paul Leadley, professeur à l'Université Paris-Saclay, travaille sur les liens entre biodiversité et changement climatique (il est co-auteur du rapport d'évaluation planétaire 2019 de l'IPBES). Il est l'un des derniers experts que les 150 entendront. Le constat est simple : en quarante ans, 80 % des insectes et plus de 60 % des vertébrés ont disparu. Jour après jour, des espèces s'éteignent à cause de la dégradation de leur habitat (dégradation due à la pollution, à la déforestation, au réchauffement) et de la surexploitation des ressources naturelles par les humains. Pour Paul Leadley, certaines solutions existent dans la nature elle-même, à la fois pour capter le CO_2 et pour protéger la biodiversité. Par exemple, une des solutions pour séquestrer le CO_2 tout en préservant la vie animale consiste à arrêter de détruire les habitats naturels que sont les forêts, les prairies, les mangroves… Une autre consiste à restaurer les écosystèmes dégradés.

« *Il existe des synergies possibles entre lutte contre le réchauffement et restauration ou protection de la biodiversité* », insiste le scientifique. La transition agroécologique, par exemple, implique de réduire l'utilisation de pesticides – ce qui est bon pour la biodiversité – et en même temps de planter des cultures, de légumineuses notamment, qui permettent de stocker le carbone dans le sol. Notre régime alimentaire peut également avoir un double impact : si on baisse notre consommation de viande, surtout de bœuf et de mouton, on constatera une baisse des émissions de CO_2 et on rendra de l'espace – jusqu'ici préempté pour l'élevage –, aux animaux sauvages. Lutter contre le gaspillage fait partie de la même logique : « *30 % des aliments produits sont gaspillés,* explique le professeur. *Dans les pays riches, c'est surtout en fin de chaîne, par le consommateur ou au niveau du supermarché, alors que dans les pays pauvres, c'est plutôt pendant la chaîne de transport. Diviser ces pertes par deux reviendrait à diminuer la surface des terres de culture ou d'élevage nécessaires d'autant.* »

Certaines mesures peuvent, a contrario, se révéler néfastes pour la biodiversité même si elles sont positives pour le climat, alerte le professeur. Lorsqu'au Brésil, on plante différentes espèces d'eucalyptus sur de grandes étendues, cette monoculture permet certes de séquestrer du CO_2, mais n'apporte rien à la biodiversité.

Enfin, les mesures doivent être diverses et multiples pour être efficaces, explique Paul Leadley. « *Au Brésil, où il y a eu une énorme déforestation, on a créé une police spéciale de surveillance, avec télédétection. On a aussi créé de grandes aires protégées et changé la réglementation en imposant par exemple la plantation de bandes végétales autour de chaque cours d'eau. Des leviers économiques ont aussi été votés pour protéger les forêts, sous forme de subventions. Il faut un ensemble cohérent de mesures différentes.* » Les forêts, précise Paul Leadley, peuvent stocker mais pas compenser ce qui est émis. D'ici 2030, elles peuvent contribuer à atténuer les émissions, dans un ordre de grandeur de 30 %, « *si leur action est combinée à d'autres mesures* ».

Financement et finalisation des propositions

Les 7, 8 et 9 février, lors de la session 5, les groupes sont encore confrontés à des acteurs économiques et sociaux, des responsables de grandes enseignes comme Carrefour ou Sodexo… Pour chaque proposition, ils se demandent : « Est-ce réaliste ? Est-ce applicable ? »

La question du financement reste centrale. Les conventionnels ont identifié les principaux leviers et hiérarchisé leurs préférences. La réduction des niches fiscales vient en premier, suivie du recours à l'emprunt ou à la dette, de la réduction des dépenses courantes de l'État et des collectivités locales, et enfin de l'augmentation des impôts et des taxes. Plus précisément, ils proposent de taxer de 4 % les dividendes des entreprises qui en distribuent plus de 10 millions annuels. Un citoyen note que la question de l'évasion fiscale n'a pas été abordée, une autre trouve que les impôts doivent être précisés : lesquels, et vers qui ? L'effort financier à faire, en tout cas, n'est pas considérable, rappellent les spécialistes. Il ne manque que 1 à 2 % du PIB par rapport à ce qu'on investit déjà. Pour Benoît Leguet (de l'IE4C, l'Institut économique pour le climat), il y a surtout un déficit d'investissements « verts ». Il faut donc investir mieux. « *En 2019, 65 milliards d'euros ont encore été placés dans des investissements fossiles* », déplore-t-il.

Dans l'hémicycle, des parlementaires viennent écouter, comme Barbara Pompili, future ministre de l'Environnement. Élisabeth Borne, l'actuelle ministre, est également là pour entendre les propositions de chacun des groupes de travail avant de recevoir le rapport final. Au sein des groupes, les citoyens ont souvent défendu une mesure en particulier. Mathias, par exemple, a présenté celle sur l'écocontribution (sur les billets d'avion). Elle permettait de financer des infrastructures de transport bas carbone, comme l'entretien des lignes ferroviaires, explique-t-il. Brigitte insiste sur la rénovation des bâtiments, une mesure qui permettra de baisser rapidement et en grande quantité les émissions françaises de CO_2. Marie-Hélène raconte l'importance pour elle de la mesure sur la formation à l'agroécologie dans les lycées agricoles, même si celle-ci reste encore timorée.

Au jour 1 de la session 7 (les 19, 20 et 21 juin), William Aucant présente dans l'hémicycle, avec Muriel, la mesure contre l'artificialisation des sols. Il est ému. Il explique que depuis plus de cinquante ans, la voiture façonne le paysage. « *Le territoire urbain s'étend de 30 000 hectares par an, ce qui représente 350 aéroports*, dit-il, listant les conséquences : *perte de terres agricoles, atteinte à la biodiversité, intensification des risques climatiques, massification des déplacements, inégalités entre les territoires*. » Les 150 ont lu la proposition et ses treize amendements. Ils sont majoritairement convaincus. L'un défend cette mesure « *extrêmement forte car à la fois écologique et sociale : on y parle de vivre ensemble* ». Mélanie dit qu'elle la soutient, mais changerait bien le titre de l'amendement 13, pour mettre en avant la « *re-végétalisation des villes* ». Yolande établit un lien entre souveraineté alimentaire et éloignement des zones de production à cause de l'étalement urbain.

Comment utiliser le référendum ?

Le temps est venu de voter et de se demander comment utiliser cet outil. Les conventionnels absents en cette dernière session votent sur Zoom. Il est aussi possible de faire des procurations. D'ailleurs, peut-on en signer une en direct maintenant, hors procédure, demande un retardataire en visioconférence ? Non, répondent les garants, mais voter en téléphonant au Cese est possible. Un décompte du temps de vote (deux minutes) sera-t-il visible ? Non, ce sont les animateurs qui annonceront la fin du temps de vote. Est-il possible de revenir sur son vote ? Oui, on peut le changer, mais seulement dans le temps imparti. Il est aussi possible de voter blanc. Et de s'abstenir.

Les animateurs doivent organiser les dernières prises de parole pour d'ultimes arguments. Ils veillent à équilibrer les temps de chacun, les interventions de chaque salle et aussi les « pour » et les « contre ». Les citoyens se demandent si des objectifs ou des familles d'objectifs doivent être soumis à référendum. Certains pensent que cela n'a pas de sens de choisir seulement certaines propositions, d'autres que le référendum est une garantie car les Français seront plus audacieux que les gouvernants. Les débats s'enflamment autour de la proposition qui vise à instaurer un crime d'écocide. Certains pensent qu'elle est tellement importante qu'il ne faut pas la « jouer » au référendum, d'autres disent que ce n'est pas celle qui aura l'impact le plus concret. Les animateurs regardent la montre : le temps imparti aux débats est écoulé. Il faut voter : oui ou non sera-t-elle soumise aux Français via un référendum ? Les citoyens s'énervent, ils veulent discuter encore : « *Arrêtez de courir contre un chrono !* » Les garants doivent intervenir. Ils constatent qu'il y a eu déséquilibre entre les arguments pour et contre, donc une prise de parole d'une minute supplémentaire est accordée aux tenants du « pour ». Puis vient le vote. À 63 % des voix, il est décidé que la proposition concernant le crime d'écocide devra être soumise à référendum.

Le vote du rapport final

Les votes avancent, proposition après proposition. Les citoyens ne lâchent jamais. Face aux animateurs qui voudraient accélérer un peu, ils renâclent. « *Je suis d'accord avec l'objectif, mais pas avec certaines propositions déclinées ensuite* », s'énerve Pascal alors que la Convention aborde l'évolution du barème des indemnités kilométriques ou, plus tard, la limitation de la vitesse sur autoroute à 110 km/h. Il est plus de midi, vendredi 19 juin, et les animateurs de séance expliquent que des « *opinions minoritaires* » pourront être intégrées dans le rapport final, mais qu'il est trop tard pour modifier le règlement de vote adopté par le comité de gouvernance. Trois, quatre fois, d'autres citoyens reviendront à la charge, soucieux de se montrer précis et sincères pour chacun des votes.

Lorsque le rapport final est finalement adopté, à 95 % des voix, sous les vivats et les applaudissements, l'émotion est grande. « *Vous avez réussi une première, dans un système politique qui est construit à l'inverse de ce que vous avez fait* », dit Laurence Tubiana. Julien Blanchet estime que les 150 ont démontré que construire une politique publique n'est pas seulement le rôle des experts. Cyril Dion, libéré de son rôle de garant, prend la parole et pleure. « *Le 12 février dans le bureau d'Emanuel Macron, avec Marion Cotillard, on se disait "ça n'arrivera jamais". Quatorze mois plus tard, non seulement ça s'est passé, mais en plus vous avez fait des propositions plus ambitieuses que ce que n'importe quel gouvernement n'a jamais fait sur le sujet. En plus vous proposez de les financer et vous avez transcrit les mesures "légistiquement". Maintenant, aux politiques de faire leur travail. Ce qui vous attend, c'est de défendre ce rapport.* » Il passe la parole à Mathilde Imer, « *celle qui s'est le plus battue le plus pour que cette initiative existe* ». Elle aussi est très émue. Ce sont des années d'effort à convaincre du bien-fondé de la démocratie participative qui deviennent enfin réalité, sous la forme de 150 propositions. « *La semaine dernière j'ai eu 30 ans, vous êtes mon plus beau cadeau,* dit-elle. *Certains nous disaient qu'on allait perdre du temps. Mais quand on fait confiance aux citoyens, qu'on ne les prend pas pour des idiots, on fait un bond en avant.* »

La déception des lendemains

Le 29 juin 2020, les 150 sont reçus à l'Élysée. Emmanuel Macron, qui avait promis de relayer les propositions « sans filtre », s'octroie trois vetos : le financement par la taxe de 4 % sur les dividendes, la limitation de vitesse à 110 km/h sur autoroute et la modification du préambule de la Constitution. La première réduirait « *notre chance d'attirer des investissements supplémentaires* », justifie le Président. La deuxième enclaverait « *un peu plus des régions et communes et occulterait complètement le reste du rapport* » tant elle suscite déjà oppositions et débats enflammés. Enfin, Emmanuel Macron s'oppose à la modification du préambule de la Constitution, car « *elle menace de placer la protection de l'environnement au-dessus des libertés publiques. Ce serait contraire à notre texte constitutionnel, à l'esprit de nos valeurs.* »

Les mois suivants, plusieurs petites phrases des ministres ou du Président lui-même mettront à mal l'optimisme des conventionnels, notamment lorsque Emmanuel Macron comparera les écologistes à des « amish » à propos de la diffusion de la 5G. Pourtant, fin juin, soixante députés s'étaient engagés à relayer les propositions et à les porter au Parlement. Plusieurs ONG avaient également salué le travail de la Convention.

Peu naïfs, les conventionnels se sont dès la fin des débats constitués en association : Les 150. Elle les rassemble presque tous (120 personnes environ en juin) et a ouvert un site Internet. Une page Facebook aussi, qui répertorie toutes les actions qu'ils continuent à mener en France, dans leur région, avec des élus ou des associations. Par tous les moyens, ils font vivre leurs idées. Grégoire Fraty, 32 ans, conventionnel qui travaille dans la formation professionnelle, fait partie des premiers porte-parole de l'association. L'objectif est de garder le lien entre les participants mais aussi avec les parlementaires. Lorsqu'on lui demandait en juin dernier s'il avait confiance, il souriait : « *On ne sait pas. On se tient prêts.* »

À l'heure où nous bouclons ces lignes, les conventionnels se tiennent toujours prêts et actifs. Ils continuent à se battre pour ne pas voir disparaître 150 propositions qui pourraient faire tant de bien à notre démocratie comme au climat. Mais la seconde vague de la pandémie de coronavirus bouscule une nouvelle fois l'agenda politique et l'opinion, reléguant au second plan l'urgence climatique. Il faut parer au plus pressé en répondant à la crise sanitaire, économique et sociale qui frappe le pays. Or, le risque est grand que cela enterre une partie des mesures proposées par la Convention, même si le gouvernement s'est engagé à publier un suivi.

Dès le 23 octobre, il a en effet édité un tableau de suivi des mesures mises en œuvre, qu'on peut trouver sur le site du gouvernement ou du ministère de l'Écologie :

cinquante mesures et leur concrétisation sont listées. Mais aux yeux de nombreux observateurs, le compte n'y est pas – seul un tiers des mesures figurent dans cette liste et de nombreuses incertitudes subsistent.

Marc Fesneau, ministre chargé des Relations avec le Parlement et de la Participation citoyenne, déclarait à la radio le 11 novembre que différents ministères s'étaient attelés à un « *travail d'écriture* » pour « *traduire les volontés* » de la CCC. Même s'il assure la volonté « *d'être fidèle à la lettre et à l'esprit* » du rapport final, c'est bien la notion de filtre qu'il réintroduit alors. Emmanuel Macron l'avait pourtant martelé : les propositions devaient être reprises « *sans filtre* ».

L'incertitude et la crainte d'être trahis conduisent de plus en plus les conventionnels à tenter de mobiliser l'opinion par des prises de parole. Il ressort de l'expérience de la Convention qu'un travail conjoint d'information, de sensibilisation et de responsabilisation conduit à l'action. Il faut noter que, bien que certains sujets sensibles, comme la taxe carbone ou le rôle du nucléaire, aient été écartés des débats, les 150 sont parvenus à créer du consensus sur des sujets éclectiques. C'est la force de cette assemblée consultative de ne pas dépendre de postures partisanes afin de déterminer l'intérêt général à même de réconcilier justice sociale et climatique.

Il est frappant de remarquer qu'à partir d'un constat et d'une ambition bien définis, 150 personnes très différentes ont su élaborer un programme. Que ce dernier a su, en leur sein, rassembler une très forte adhésion. La plupart des mesures ont été approuvées à une large majorité. Lorsqu'il est question de réfléchir à une question de justice ou d'intérêt général, la discussion est une étape préalable indispensable afin de parvenir à trouver des solutions satisfaisantes. Or, la situation de la crise climatique engage chacun à des efforts sur des décennies ; et ceux-ci ne pourront être consentis que s'ils sont compris, discutés et acceptés. N'oublions pas que c'est la question de l'acceptabilité sociale des mesures de lutte contre le réchauffement, dont l'une des plus efficaces – mettre un prix sur le carbone –, qui a conduit à créer la Convention. Plutôt que d'attendre d'en arriver à un moment où des décisions difficiles devront être imposées, le pouvoir a préféré miser sur l'intelligence collective.

C'est une façon de penser le long terme, malgré les alternances. C'est très honorable, d'autant que l'enjeu du climat se répercutera tôt ou tard sur les modes de vie, l'économie, la qualité de la vie, et in fine sur la capacité des peuples à choisir leur destin. Ce n'est pas anodin si, à l'ère de l'anthropocène, le thème de l'effondrement de nos civilisations est si porteur. Les scénarios du pire sont des possibles, pas des certitudes. Il est encore temps d'anticiper pour ne pas sombrer dans la fatalité.

Plutôt que de se résigner, il faut inventer de nouveaux modèles pour le monde de demain et arriver à réduire de 40 % les émissions de GES de la France, c'est ce que la CCC a bien compris.

L'enjeu du renouvellement de la démocratie ne peut se séparer de celui du climat. Nombreux sont ceux qui craignent que l'incapacité des démocraties à résoudre certains problèmes, dont celui du climat, entraîne une instabilité qui à terme les verrait se déliter. « *La démocratie et le climat se sauveront ensemble* », affirme Thierry Pech, coprésident de la CCC. Nous pensons comme lui.

2

Aux origines de la Convention Citoyenne pour le Climat : le problème du réchauffement climatique

Nous allons tenter d'expliquer le plus simplement possible ce qu'est le changement climatique. Le sujet revenant régulièrement dans les médias, beaucoup pensent le connaître à force d'en entendre un peu parler par-ci par-là. Mais comme nous l'avons vu dans le précédent chapitre, de nombreux participants à la Convention affirment s'être pris une véritable claque quand les experts leur ont expliqué ce qui était en jeu derrière ce sujet qui peut sembler lointain et technique.

Qu'est-ce qui ne va pas avec le climat ?

Notre planète ne possède pas un climat unique, mais regroupe une variété de climats différents en fonction des régions. Le climat terrestre peut se caractériser au travers de certaines moyennes, dont celle des températures. La température moyenne sert d'indicateur pour mesurer les variations du climat à partir d'une unité de mesure que chacun peut comprendre : la température. Nous l'utilisons tous les jours pour savoir comment nous habiller. Normalement, la température moyenne à la surface du globe tourne autour des 14 °C – c'est ce qu'indiquent les relevés effectués entre 1850 et 1900, qui servent de référence pour déterminer les évolutions du climat. Or, selon les scientifiques, la température moyenne à la surface du globe a déjà grimpé d'environ 1 °C depuis le début de l'ère industrielle. Ainsi, la température moyenne à la surface du globe atteint aujourd'hui les 15 °C. Concrètement, depuis deux décennies, année après année, on bat des records de chaleur. En 2020, l'Organisation météorologique mondiale écrivait : « *2019 a été la deuxième année la plus chaude jamais enregistrée, après 2016. Les températures moyennes pour les dernières périodes de cinq ans (2015-2019) et de dix ans (2010-2019) ont été les plus élevées jamais observées. Depuis les années 1980, chaque décennie est plus chaude que la précédente. Cette tendance devrait se poursuivre sous l'effet des niveaux records de gaz à effet de serre dans l'atmosphère.* »

Les gaz à effet de serre, principaux responsables du réchauffement

Aux origines du réchauffement climatique se trouvent les gaz à effet de serre. À l'image d'une serre, ils piègent une partie de la chaleur provenant des rayons du Soleil.

Les gaz à effet de serre sont présents naturellement sur Terre : la vapeur d'eau ou les rejets des éruptions volcaniques. Ils rendent la vie possible en formant l'atmosphère et protègent en partie la planète du froid de l'espace. En leur absence, la température moyenne sur Terre serait de –18 °C ! Il faut savoir que l'atmosphère, les océans et les sols absorbent les deux tiers de l'énergie en provenance du Soleil tandis que le tiers restant est directement réfléchi vers l'espace par les nuages, les aérosols, l'atmosphère et la surface terrestre. Alors, quel est le problème ? Le supplément de gaz à effet serre issu des activités humaines perturbe ce cycle en empêchant une partie des rayons du Soleil d'être renvoyés vers l'espace. Ils restent alors à la surface du globe qu'ils réchauffent. Avec la révolution industrielle entamée il y a un peu plus de deux siècles et demi, l'espèce humaine a exploité et brûlé de plus en plus d'énergies fossiles comme le charbon, le gaz naturel ou le pétrole. La combustion de ces énergies libère du dioxyde de carbone (CO_2), qui est l'un des principaux gaz à effet de serre avec le méthane (CH_4). Ces derniers s'accumulent peu à peu dans l'atmosphère et réchauffent le climat. Le phénomène est aggravé car les activités humaines détruisent les milieux naturels qui stockent naturellement le carbone. L'humanité rejette plus de gaz à effet de serre que ce que la planète peut absorber. Le phénomène est aujourd'hui bien documenté.

Le lien entre les activités humaines et l'évolution du climat est clairement établi, notamment en corrélant les concentrations de CO_2 mesurées en parties par million (ou PPM) avec le niveau moyen des températures. Elles atteignent les 416 PPM pour le CO_2 en juin 2020, contre 320 au début des années 1960. La dernière fois que de telles concentrations ont été observées, au-dessus de 400 PPM de CO_2, la température moyenne sur Terre était alors de 2 à 3 °C plus élevée. Cela remonte à plus de 2 millions d'années, en raison de l'activité volcanique plus importante durant cette période.

PRINCIPE DE L'EFFET DE SERRE

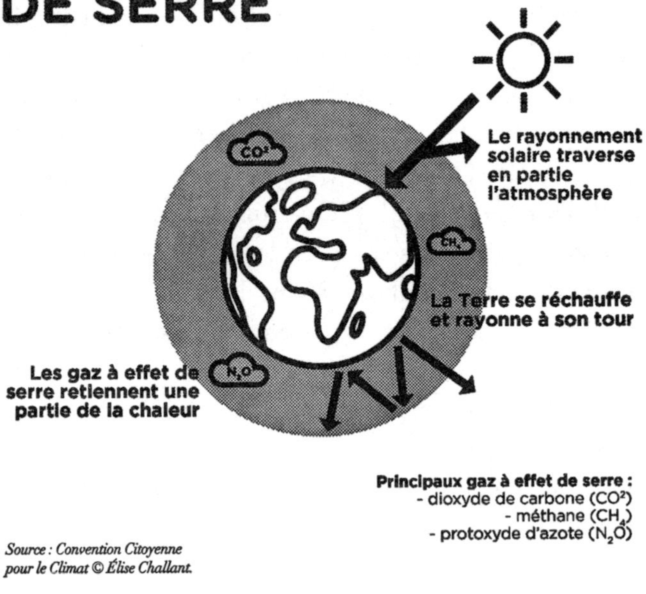

Source : Convention Citoyenne pour le Climat © Élise Challant.

Bien que des scientifiques aient alerté assez tôt sur les effets de la pollution, ce n'est que vers les années 1970 et 1980 que le problème du réchauffement climatique émerge dans le débat scientifique international. Cela correspond également à la prise de conscience des fragilités de la couche d'ozone.

La réalité du changement climatique a un temps fait l'objet de controverses, mais aujourd'hui l'unanimité des scientifiques la reconnaît. En France, l'ancien ministre de l'Éducation nationale Claude Allègre a été une figure de proue des climatosceptiques ; aujourd'hui ces derniers sont ultraminoritaires dans la communauté scientifique. Il faut dire qu'un travail de recherche sans précédent a été entrepris. Il se trouve notamment synthétisé dans les rapports du GIEC créé en 1988 afin d'éclairer les décideurs politiques sur le sujet. Cet organisme indépendant regroupe des scientifiques du monde entier qui passent en revue la littérature scientifique sur le sujet. Il rend ensuite des rapports détaillés et des synthèses sur le changement climatique et ses impacts, ainsi que sur les moyens d'y faire face.

Climat, un enjeu mondial

En 1992, lors du Sommet de la Terre de Rio, sous l'égide de l'ONU, est fondée la Convention-cadre des Nations unies sur les changements climatiques qui va aider à prendre conscience de l'ampleur du problème et tenter d'y apporter des solutions à travers des négociations entre les États afin qu'ils réduisent leurs rejets polluants de gaz à effet de serre. Après tout, le problème du climat est mondial : que l'on soit un pays pollueur ou non, il faudra y faire face à un moment donné, d'une manière ou d'une autre. Loin d'être parfaite, cette convention a abouti en une trentaine d'années au Protocole de Kyoto (en 1997) et surtout à l'Accord de Paris sur le climat de 2015, qui prévoit de limiter le réchauffement à 2 °C par rapport au début de l'ère industrielle, tout en appelant tous les pays à être plus ambitieux afin de viser une hausse de seulement 1,5 °C pour 2100.

Petit à petit, avec des tours et des détours, l'ambition climatique progresse, mais sans doute pas assez vite aux yeux des scientifiques. C'est aussi dans le cadre de ces négociations que la France s'est engagée depuis des décennies à réduire ses émissions de gaz à effet de serre, sans vraiment y parvenir jusqu'à présent. La création en 2019 de la Convention Citoyenne pour le Climat est aussi née de cette volonté.

Pourquoi sommes-nous dans l'urgence ?

« *Notre maison brûle et nous regardons ailleurs.* » Jacques Chirac a prononcé cette phrase au IVe Sommet pour la Terre en 2002. Une phrase qui avait marqué les esprits tant elle signifiait, déjà, l'urgence. Autant dire qu'en presque une génération, la situation n'est pas devenue « moins » urgente.

C'est comme lorsque vous vous précipitez vers la cuisinière car le lait monte et déborde de la casserole. On en est là. À se dire qu'il faut faire en sorte que le moins de liquide possible se répande. Ce qui dépendra de notre capacité à courir (très vite) jusqu'à la casserole. Or, on n'a pas encore bougé un orteil.

Pourtant, depuis trois décennies, la réduction des gaz à effet de serre se trouve au cœur des négociations internationales sur le climat, lors des fameuses COP qui ont généralement lieu en fin d'année et avec des réussites diverses. Pourtant, quelques années auparavant, les débuts étaient encourageants. Les pays du monde entier étaient parvenus à signer en 1987 le Protocole de Montréal qui a interdit avec succès les gaz destructeurs de la couche d'ozone, et le Protocole de Kyoto en 1997 était une première étape prometteuse dans la lutte contre les gaz à effet de serre, malgré certaines limites. Mais ces avancées ont connu des coups de boutoir avec le refus des États-Unis de ratifier ce protocole et l'échec du sommet de Copenhague en 2009. Malgré des ambitions affichées, durant toutes ces années, loin de diminuer, les rejets de gaz polluants ont augmenté dans le monde. Aux émissions de gaz à effet de serre dans les pays riches se sont ajoutées celles de l'industrialisation des pays en développement comme la Chine, l'Inde, la Russie ou encore le Brésil.

L'Accord de Paris, de 2015, a fixé comme objectif de maintenir le réchauffement en dessous de 2 °C, voire si possible de le cantonner à 1,5 °C. Mais nous savons déjà que nous ne pourrons pas le tenir. En cinq ans, aucune politique suffisamment volontariste n'a été mise en place et aucun pays riche n'a véritablement remis en question son mode de production et de consommation. Les émissions de CO_2 continuent donc d'augmenter. Seule l'épidémie de Covid-19 a engendré une baisse temporaire durant quelques semaines, nous permettant de prendre conscience de l'ampleur des changements à amorcer pour avoir un début d'impact sur le changement climatique. Paradoxe, donc, les émissions augmentent ou diminuent trop lentement. Les experts de l'ONU ont averti en 2019 que les stratégies nationales des pays proposées dans le cadre de l'Accord de Paris étaient insuffisantes pour atteindre les objectifs fixés par ce même accord. Cherchez l'erreur ! En fait, il faudrait multiplier par trois, voire quatre, les efforts de réduction des émissions de gaz à effet de serre. Pour ce faire, il faudrait qu'elles se réduisent de 7 % par an sur la décennie, soit un effort assez drastique pour nous qui sommes habitués à une surabondance d'énergie bon marché.

Chaque année qui passe retarde d'autant les effets des mesures de réduction des gaz à effet de serre. Même si nous arrêtions aujourd'hui d'émettre trop de CO_2, il faudrait des décennies aux écosystèmes pour absorber les quantités déjà émises. Les gaz émis restent en effet dans l'atmosphère et participent au réchauffement tout au long de leur vie. Ainsi, le plus connu d'entre eux, le CO_2, reste actif une centaine d'années et le méthane une douzaine d'années. Il y a donc urgence, car l'inaction se traduit par une nécessité de redoubler d'efforts : les gaz s'accumulent. Si le CO_2 correspondait à un budget mensuel à ne pas dépasser pour éviter d'être à découvert, nous en aurions déjà dépensé les trois quarts. En effet, le GIEC estime que nous avions déjà dépensé 72 % de notre budget carbone en 2017.

Enfin, les scientifiques alertent sur le fait qu'une fois certains seuils atteints, il sera impossible de revenir en arrière. Ainsi, les conséquences du réchauffement peuvent devenir irréversibles à l'échelle humaine, on parle de « tipping point », pour point de bascule ou point de non-retour, comme la fonte du pergélisol (sol imperméable des régions boréales, gelé en permanence, aussi appelé « permafrost »), qui libérerait dans l'atmosphère du méthane issu de la décomposition des végétaux stocké sous la couche de glace. Il est par conséquent urgent de préserver le pergélisol qui renferme une grande quantité de carbone et de méthane, « *presque deux fois le carbone atmosphérique* » d'après le GIEC. S'il dégèle, et il a commencé à le faire, il libérera ces gaz dans l'atmosphère. Les scientifiques avouent ignorer si le phénomène a déjà commencé.

Les conséquences se font sentir par des événements extrêmes, rares autrefois, mais devenus aujourd'hui de plus en plus fréquents : canicules, sécheresses, feux de forêt, tempêtes, ouragans, inondations… Mais aussi, l'arrivée dans l'hémisphère Nord d'espèces animales et de maladies localisées jusqu'ici dans les pays du Sud.

La fonte des glaciers, quant à elle, « *aura des répercussions négatives sur les loisirs et le tourisme et modifiera aussi la quantité d'eau disponible plus bas pour l'agriculture et la production d'électricité* », écrit le GIEC. Et l'ONU alerte sur la baisse des rendements agricoles, due au réchauffement en général (pas seulement à la fonte des glaces) : « *Lorsque la température augmente de 1 degré, la production de céréales diminue d'environ 5 %.* »

Alors, entre les catastrophes que nous constatons déjà et celles qui risquent de nous tomber sur la tête, on peut dire que oui, il y a urgence. Surtout que le GIEC le répète : chaque dixième de degré compte. Un de ses rapports détermine ainsi les différences entre un monde où le réchauffement serait stabilisé à 1,5 °C et un où il atteindrait les 2 °C.

« *Un demi-degré compte et conduit à un monde différent. Au départ, les scientifiques pensaient qu'on ne verrait pas beaucoup de différences. Ils se sont pourtant aperçus qu'il n'en était rien. Le réchauffement climatique est déjà largement perceptible : nous avons constaté 1 degré de réchauffement depuis le début de l'ère industrielle* », explique le climatologue français Jean Jouzel. Et certaines différences sont inquiétantes, entre la disparition des coraux, les difficultés d'approvisionnement en eau ou en nourriture et la montée du niveau des mers. Or, que l'objectif soit 1,5 ou 2 °C d'augmentation des températures, l'urgence demeure, car nous sommes déjà à 1 °C. Le temps presse, plus que jamais.

Et la France dans tout ça ?

La France, un pays industrialisé depuis deux siècles, se classe au 19e rang mondial pour ses émissions de gaz à effet de serre (les six premiers étant la Chine, les États-Unis, l'Inde, la Russie, le Japon et l'Allemagne) et pèse pour 1 % des gaz à effet de serre. Si on regarde par habitant, un Français émet en moyenne une dizaine de tonnes de CO_2 par an. Un habitant d'Arabie Saoudite 17,2 tonnes de CO2 par an, un États-Unien 15,6 tonnes, un Chinois 7,2 tonnes, un Indien 1,8 tonne et un Camerounais 0,3 tonne. L'Hexagone émet moins que d'autres pays équivalents, grâce à l'électricité nucléaire, mais toujours trop pour rester dans les limites d'un budget carbone compatible avec un réchauffement de 2 °C. Pour y parvenir, il faudrait que les Français divisent par cinq leur empreinte carbone afin qu'elle passe de 11,2 tonnes équivalent CO_2 par personne à environ 2 tonnes. Sacré défi ! Car les émissions dépendent aussi de notre richesse, que ce soit au niveau mondial ou national. Nous ne voulons pas rentrer dans le débat sur la surpopulation, car nous pensons que la Terre propose assez de ressources pour 8 milliards de personnes, mais leur répartition inégale est un problème majeur.

En France, l'utilisation de l'énergie représente 70 % des sources de gaz à effet de serre, l'agriculture 17 %, l'industrie 10 %, et le reste vient des déchets. Chacun de nous utilise dans sa vie de tous les jours de l'énergie pour se déplacer, se chauffer, travailler, cuisiner, produire et consommer. Dans un rapport intitulé *Faire sa part ? Pouvoir et responsabilité des individus, des entreprises et de l'État face à l'urgence climatique*, le cabinet Carbone4 estime que les gestes individuels ont une part non négligeable à jouer dans la réduction des émissions de gaz à effet de serre.

Si on regarde encore un peu plus en détail les usages de l'énergie, un tiers des GES provient du transport, notamment routier, un cinquième de l'énergie consommée dans les bâtiments, un tiers de l'énergie utilisée dans l'industrie et un dixième provient de la production d'énergie.

À cela il faut ajouter les émissions importées qui correspondent au bilan carbone de tous les produits que nous faisons venir de l'étranger et qu'il est parfois difficile de quantifier. Ces dernières doivent bien sûr tenir compte du transport, de l'énergie requise pour leur production et des changements d'affectation des sols, plus clairement quand l'agriculture détruit des milieux naturels qui stockent le CO_2, comme la forêt, afin de gagner des terres. Celles-ci sont difficilement quantifiables, d'autant qu'elles entrent rarement dans les bilans carbone du pays. Cela, à la faveur de la désindustrialisation et de la délocalisation d'activités polluantes, permet à certains pays dont la France de voir ses émissions se réduire.

RÉPARTITION PAR SOURCE DES ÉMISSIONS DE GES (HORS UTCATF[1]) EN FRANCE EN 2016 en %

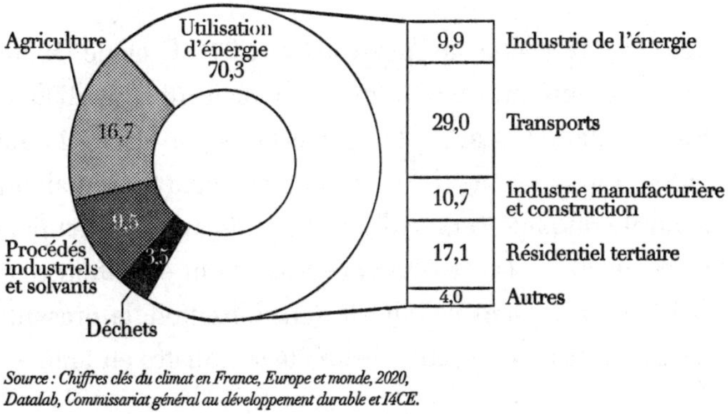

Source : Chiffres clés du climat en France, Europe et monde, 2020, Datalab, Commissariat général au développement durable et I4CE.

1. Hors UTCATF : utilisation des terres, changement d'affectation des terres et foresterie.

ÉMISSIONS MONDIALES DE GAZ À EFFET DE SERRE PAR SECTEUR ÉCONOMIQUE

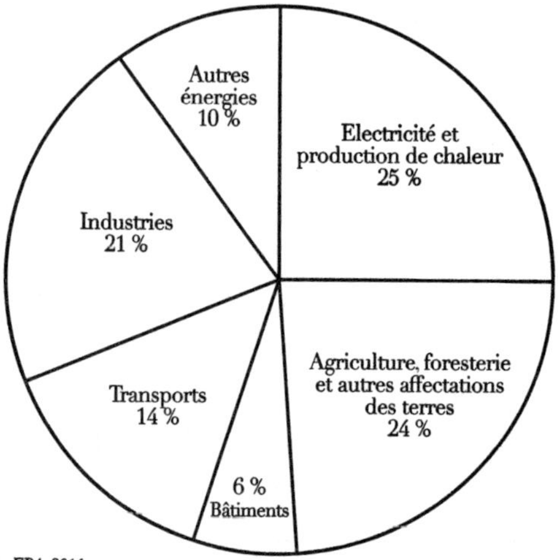

Source : GIEC et EPA, 2014.

Quels impacts pour la France ?

Peut-être vous en souvenez-vous, en 2014, Évelyne Dhéliat avait présenté un bulletin météo pour le 18 août 2050. La carte réalisée à partir des projections de Météo France basées sur les données d'évolution du climat présentait une majorité du pays victime d'une canicule avec des températures de 40 °C. De telles températures ont été atteintes en 2019 et 2020. Dans ce clip de sensibilisation, la présentatrice annonçait une canicule un été sur quatre en France.

Le phénomène est déjà enclenché, puisque depuis 1900 la température moyenne a augmenté de 1,4 °C. Certaines régions sont plus concernées que d'autres. Conséquences : des vagues de chaleur plus intenses et plus longues, des sécheresses et des événements climatiques extrêmes plus fréquents. Moins de pluie (dans le sud du pays), plus de chaleur et donc de sécheresse, et plus grande vulnérabilité des sols. De plus, l'accès à l'eau sera aussi réduit. Le débit de certains cours d'eau pourrait être diminué de 30 à 60 % ; on assistera à une modification du paysage agricole du pays. Le climat de certaines régions se montrant à l'avenir impropre aux cultures pratiquées jusque-là, notamment pour les vignobles.

LE CHANGEMENT CLIMATIQUE EN FRANCE, QUELLES CONSÉQUENCES ?

Une hausse de 1,3 °C des températures moyennes en France métropolitaine est attendue d'ici 2050, avec une hausse plus forte dans le Sud-Est.

Sans stabilisation du réchauffement à 1,5 °C, une montée du niveau des mers de 26 cm à 82 cm d'ici 2100.

La France manquera de 2 milliards de m^3 d'eau en 2050.

10 % de précipitations moyennes en moins au printemps et en été.

50 % des forêts métropolitaines soumises à un risque d'incendie élevé en 2050.

L'élévation de 1 mètre du niveau des mers pourrait recouvrir en France 355 km d'autoroutes, 198 km de nationales, 4 338 km de départementales et 1 967 km de voies ferrées.

En Languedoc-Roussillon, 140 000 logements et 10 000 entreprises seraient touchés par une élévation de 1 mètre du niveau de la mer.

62 % de la population française est exposée de manière forte ou très forte aux risques climatiques.

Les vendanges débutent en moyenne 18 jours plus tôt qu'il y a 40 ans.

Sources : Météo France

L'agriculture et le tourisme pourraient pâtir de ces changements. Les 20 000 km de littoral français sont également menacés par la montée du niveau des mers et l'érosion.

La chaleur plus intense se répercutera sur la productivité des travailleurs. Elle favorisera aussi les incendies de forêt. Toujours du côté de la vie sauvage, certaines espèces migreront. La santé n'est pas en reste puisqu'un climat plus chaud favorise les ravageurs pour les végétaux, comme les chenilles processionnaires, et la prolifération des moustiques vecteurs de maladies comme le chikungunya… et donc l'émergence de nouvelles maladies infectieuses. Les vagues de chaleur affectent aussi les personnes vulnérables. En 2003, la canicule a tué près de 15 000 personnes en France.

Un consensus sur le diagnostic, mais pas sur les solutions

Tout le monde s'accorde aujourd'hui à reconnaître l'existence et l'importance du réchauffement climatique. Par contre, sur la manière de résoudre le problème et de réduire les émissions de gaz à effet de serre, les avis divergent.

La science du climat permet de connaître les scénarios possibles. Dans des appels répétés, les scientifiques demandent à ce qu'on réfléchisse à des transformations radicales de nos modes de vie. Le climatologue français Jean Jouzel constate que *« ce n'est pas si simple car il faut d'un côté, réduire les émissions de* CO_2*, et, de l'autre, conduire une politique d'adaptation. Nous vivons ce que la communauté scientifique avait anticipé il y a trente ans. Nous savons déjà ce à quoi ressemblera le climat de 2050, cela doit être pris au sérieux. »*

S'engager à agir pour le climat revient à transformer en profondeur notre économie et nos modes de vie. Chacun des choix défendus a ses avantages et ses inconvénients, ainsi qu'un coût économique, un retour sur investissement et des implications concrètes. De par le passé, des réactions de défiance à des mesures en faveur du climat ont plus d'une fois suscité des oppositions fortes et des reculades du gouvernement. L'envie de bien faire et la volonté politique ne suffisent pas à obtenir l'adhésion des personnes concernées par des taxes ou des restrictions spécifiques, l'écologie est alors vue comme liberticide ou punitive.

« Rester en deçà de 1,5 °C est souhaitable. C'est techniquement possible, mais les difficultés sont politiques. Pour ce faire, il faudrait laisser 90 % des réserves de combustibles fossiles dans le sous-sol sans les exploiter. Et, surtout, réduire de 45 % par rapport à 2010 nos émissions de gaz à effet de serre en 2030. En clair, cela veut dire les diviser par deux entre 2020 et 2030. L'ambition serait d'atteindre en 2020 le

pic des émissions puis de parvenir à la neutralité carbone vers 2050 », estime Jean Jouzel.

L'éventail des actions possibles s'avère innombrable, nous n'en ferons donc pas une liste exhaustive. Cela va des petits gestes du quotidien, comme éteindre la lumière, à un changement mondial des sources d'énergie que nous employons afin d'éviter que la grande majorité de l'électricité mondiale provienne du charbon (qui produit plus du tiers de l'électricité mondiale) ou que nos déplacements dépendent du pétrole. Les spécialistes parlent de mesures pour lutter contre le changement climatique, c'est-à-dire pour réduire les émissions de gaz à effet de serre. Ce sont celles que propose la Convention Citoyenne pour le Climat. Cependant, ils ne négligent pas pour autant les mesures d'atténuation et d'adaptation qui recouvrent tout ce qu'il est possible de faire pour limiter l'impact du changement climatique, par exemple en adaptant les villes et les bâtiments à de plus fortes chaleurs avec la climatisation ou leur végétalisation, ou encore en établissant des digues sur les littoraux pour faire face à la montée du niveau des mers. Cette dernière famille de mesures sera nécessaire pour se préparer aux transformations à venir. En comparant avec la médecine, on peut dire que l'adaptation et l'atténuation consistent à traiter les symptômes tandis que la lutte contre le réchauffement vise à s'attaquer aux origines du mal.

Les économistes préconisent d'attribuer une valeur aux gaz à effet de serre au travers d'un prix (déterminé sur un marché ou par une taxe). Ce prix devra inciter à réduire les émissions. Certains misent sur la technologie pour décarboner l'économie avec la substitution des énergies fossiles par des énergies plus propres comme les renouvelables (solaire, éolien, biomasse, géothermie), le développement de l'hydrogène, ou encore la poursuite du recours à l'énergie nucléaire (ce dernier faisant l'objet d'un vif débat en raison des questions qu'il pose sur la sûreté des installations, du risque d'accident et de la gestion des déchets qu'il génère, dangereux pour des milliers d'années). D'autres tablent plutôt sur l'efficacité énergétique en proposant d'agir pour réduire la demande en énergie en améliorant l'efficacité énergétique et l'isolation des bâtiments ou des véhicules pour que ceux-ci consomment moins. Toujours dans cette veine, certains envisagent des solutions sous le prisme de la sobriété et de la décroissance de la demande en énergie par la réduction de nos besoins dans ce domaine. À côté de tout ce qui a trait aux énergies se trouve aussi tout ce qui est comportemental, comme les modifications de régime alimentaire, du mode de consommation (moins de viande, relocalisation des achats), ou la préservation des écosystèmes. Sans parler de ceux qui imaginent même des systèmes de « carte carbone » : chacun disposerait d'un quota annuel de gaz à effet de serre qu'il pourrait émettre.

Aucune de ces grandes orientations ne suffira seule à résoudre le problème du climat. Une partie de ces mesures ne fonctionnent que parce qu'elles sont complémentaires. Il faut garder en tête que le climat étant une question mondiale, la combustion des énergies fossiles a des répercussions à l'autre bout du monde. Les efforts doivent être partagés, sans quoi ils ne serviront pas à grand-chose. Il faut veiller à ce que des pays ne réduisent pas à néant les efforts de la communauté internationale en ne jouant pas le jeu de la lutte contre le réchauffement. Les accords internationaux sur le climat prévoient donc des engagements allant dans ce sens. En France, ils se traduisent dans la stratégie nationale bas carbone. La Convention Citoyenne propose des moyens pour atteindre ces objectifs. L'enjeu est aussi de proposer un modèle viable en s'inspirant de ce qui fonctionne ailleurs, et aussi en inspirant d'autres pays, voire de faire de ces mesures une vitrine de transition des opportunités économiques pour demain en développant de nouvelles technologies et une expertise à exporter. La transition doit être rendue désirable afin de ne pas être vécue comme un renoncement.

3

Des mesures pour changer le monde

Parmi 149 mesures que la Convention Citoyenne pour le Climat a présentées dans son rapport final de 460 pages, quelles sont celles qui ont le plus de force ? On pourrait décrire la Convention comme un think tank citoyen. Rappelons-le, les 150 conventionnels ont été tirés au sort ; le hasard les a désignés. Garder cela en tête doit nous conduire à envisager ce que nous aurions fait face à la responsabilité de « *définir une série de mesures permettant d'atteindre une baisse d'au moins 40 % des émissions de gaz à effet de serre d'ici 2030 (par rapport à 1990) dans un esprit de justice sociale* ». Nous avons retenu les propositions qui nous semblaient les plus pertinentes et les plus concrètes pour notre quotidien.

Décider, c'est choisir. Résumer des mois de travail en quelques pages peut se montrer frustrant. C'est pourquoi nous invitons chacun à lire l'ensemble des mesures présentées en annexe et à prendre le temps d'entrer dans les détails en se rendant sur le site de la Convention. Ces mesures donnent des pistes pour faire face au défi climatique et repenser la démocratie. Les contraintes de notre environnement déterminent nos modes de vie ; nous dépendons des ressources mises à disposition par la Nature. Sa détérioration constitue un facteur d'instabilité, en plus de menacer des vies humaines ainsi que l'organisation sociale et économique. Si rien n'est fait, plutôt que de choisir nos destinées, le risque est grand de subir une situation de crise, d'incertitude et de compétition exacerbée. Autant de facteurs qui font naître au sein des peuples des tentations populistes ou autoritaires. Sans en arriver à ces extrêmes, les États pourraient mettre en place des moyens plus coercitifs afin de réduire les émissions de gaz à effet de serre… puisque c'est une nécessité. Il vaut donc mieux parvenir à en parler pour trouver du consensus plutôt que de se voir imposer des mesures impopulaires.

Consommer

Les écologistes disent souvent qu'on dispose de deux cartes pour changer le monde : la carte électorale pour choisir des (décideurs) politiques en accord avec nos idées et la carte bancaire pour favoriser ou pénaliser les entreprises. Ils parlent de « consommacteur », contraction de consommateurs et d'acteurs du changement, en reprenant la mainmise sur les produits que nous achetons et leur impact.

La consommation se trouve, qu'on le veuille ou non, au centre de nos existences, à moins de vivre en totale autarcie. L'impact de nos achats sur le climat n'est plus à démontrer : surexploitation des ressources, surabondance absurde de produits équivalents, suremballage, déchets, obsolescence, produits à l'utilité discutable, produits fabriqués au bout du monde…

Si les excès de la consommation et leurs impacts sur le climat sont à combattre, cela ne signifie pas pour autant qu'il faille en finir avec les achats ou encore la publicité. Les magasins et les échanges commerciaux participent à l'économie et à la société. Ils créent des liens, des activités, de l'emploi, et donc de la vie.

La consommation et le vote ont en commun d'être des choix. Faire le bon choix nécessite de s'informer, ce qui prend du temps. Comment permettre à chacun d'acheter en connaissant l'impact environnemental de tel produit ou tel service ? Avec onze mesures, la Convention Citoyenne veut permettre à toutes et tous d'éviter les pièges de la (sur)consommation grâce à l'éducation et à une information accessible. Les deux leviers à la base d'une consommation responsable.

Une étiquette sur l'impact climatique de tous les produits

Tout le monde aujourd'hui connaît le Nutriscore : les enfants s'amusent à regarder quelle note, de A à E, est affichée sur leur paquet de biscuits au goûter et certains parents modifient leurs achats en fonction de ce score qui renseigne sur la qualité nutritionnelle des aliments industriels. D'après l'étude du cabinet d'analyses de données Nielsen menée en 2019, les ventes de produits notés A et B sont en progression quand les autres (D et E) reculent. Il en a été de même avec l'étiquette énergie pour les appareils électriques. Le Nutriscore semble avoir engendré un cercle vertueux : « *Les marques sont de plus en plus enclines à lancer des produits plus sains, à revoir leurs recettes, et les consommateurs montrent un appétit certain pour les produits plus sains* », analyse Emmanuel Fournet, directeur Insights Distribution chez Nielsen.

La CCC a eu l'idée de s'inspirer de ce Nutriscore pour créer un « score carbone », « *outil d'information des consommateurs* » qui permettrait de comparer les marques entre elles. Les conventionnels se basent sur les travaux de l'Ademe et sur le BEGES (Bilan d'émissions de gaz à effet de serre) qui réalise depuis 2010 un diagnostic tous les quatre ans concernant les entreprises – mais dont les résultats passent largement inaperçus. Chaque produit devra, sur un affichage occupant au moins 50 % de l'étiquette, faire apparaître son taux de CO_2, reflet des émissions qu'il aura engendrées depuis son élaboration (extraction de matières premières, fabrication, transport, pays traversés...) jusqu'à son recyclage éventuel. Qui connaît par exemple le bilan carbone de son smartphone ? L'Ademe a calculé que la fabrication d'un seul de ces appareils nécessite l'équivalent de quatre tours du monde en avion ! Conception aux États-Unis ou en Chine, extraction des matières premières en Asie, en Australie ou en Afrique, fabrication de certains composants en Europe, aux États-Unis ou en Asie, assemblage en Asie puis distribution – par transport aérien – dans le monde entier... Sachant qu'il en a été vendu plus de 10 milliards depuis 2007, on vous laisse imaginer leur impact sur le climat. Les conventionnels estiment qu'un score est calculable dès cette année pour les secteurs du textile, de l'ameublement, de l'habillement et de la chaussure. Puis à partir de 2024 pour les autres biens.

Une version allégée de cette proposition figure dans la loi Économie circulaire de 2020 avec la mise au point d'une méthodologie obligatoire pour l'affichage environnemental, une première étape, mais sans caractère obligatoire ni calendrier précis. La CCC se montre plus volontariste et prévoit des contrôles pour s'assurer de la véritable mise en place du dispositif. Ainsi que des pénalités au montant dissuasif en cas de non-respect de la loi.

La baisse de la surconsommation passe par une réduction de la place de la publicité dans nos sociétés

Nombreux sont les membres de la Convention Citoyenne pour le Climat qui disent avoir pris conscience de l'importance de la publicité dans notre vie quotidienne. Ils ont été frappés de constater à la fois son omniprésence et sa capacité à nous inciter sans cesse à consommer. Ainsi, on serait exposé 1 200 fois par jour aux publicités, que ce soit dans la rue, dans les transports, dans les médias (télévision, radio, presse écrite…) ou en ligne.

L'encadrement des panneaux publicitaires a été renforcé depuis 2015. Ils sont interdits dans les communes de moins de 10 000 habitants et plusieurs métropoles les retirent progressivement. Cependant, beaucoup demeurent dans les grandes villes… quand ils ne sont pas remplacés par des écrans vidéo qui consomment de l'électricité pour fonctionner en continu !

Les propositions de la CCC suscitent des levées de bouclier dans le secteur de la publicité, qui se sent menacé. Les enjeux économiques sont importants. « *Les dépenses de communication des entreprises en France atteignent les 46 milliards d'euros. La communication commerciale, c'est-à-dire avec pour but de vendre des produits, représente à elle seule 31 milliards d'euros* », explique Renaud Fossard, membre de Résistance à l'agression publicitaire.

Mais si elle diminue dans l'espace public, la réclame progresse dans notre intimité et devient personnalisée grâce au numérique. Les experts du marketing nous connaissent mieux, et surtout peuvent en savoir long sur nos centres d'intérêt en suivant nos traces sur Internet. « *La publicité sur Internet est devenue le premier poste d'investissement des entreprises devant la télévision. En incluant le traitement des données qui permet d'établir des dispositifs de surveillance de toute la population pour ensuite cibler individuellement les annonces, les entreprises ont dépensé près de 6 milliards d'euros pour la publicité sur Internet. Derrière la structure économique d'Internet fondée en partie sur la publicité se cache un véritable enjeu de civilisation. Il regroupe la question de la place et du poids des géants de l'Internet que sont les GAFA (Google, Amazon, Facebook et Apple) et d'autres* », estime Renaud Fossard, interviewé sur *GoodPlanet Mag'* en juin 2020. Sur Internet, si un service est gratuit, c'est que c'est vous le produit, dit souvent l'adage. Et cela résume bien le modèle économique de nombreux services : ils sont offerts afin de collecter des données pour en faire usage à des fins de marketing pour que les annonceurs ciblent mieux la publicité en ligne. Ainsi, avec notre consentement, ou sans qu'on s'en rende compte, celle-ci s'immisce partout.

La CCC pointe du doigt cette fausse gratuité et propose de permettre aux usagers de ne plus subir ce matraquage commercial. Elle désire « *limiter les publicités sur l'espace numérique en :*

- *donnant systématiquement le choix au consommateur pour les contenus en accès limité entre un service payant sans publicité et un service gratuit avec publicité ;*
- *imposant aux navigateurs Internet la mise en place d'un bloqueur de publicité par défaut.* »

Sur le papier, ces mesures semblent intéressantes, mais elles posent bien des questions quant au business model de nombreux services Internet, médias en ligne et applications.

Agnès, de la CCC, acceptait la publicité comme un élément normal. Cependant, sa participation à la Convention l'a conduite à réfléchir sur ce sujet qui divise. « *Dans le groupe de travail, une partie plaidait pour l'interdiction totale de la publicité, estimant que chercher à vendre sans cesse toujours plus était une aberration, tandis qu'un autre groupe trouvait une telle position liberticide. Peu de citoyens étaient dans l'entre-deux. Un consensus a émergé car, au fil des échanges, nous avons compris qu'il valait mieux réguler la publicité que l'interdire, car celle-ci peut véhiculer des messages positifs* », explique la jeune femme. C'est d'ailleurs un argument mis en avant par les publicitaires : des campagnes bien réalisées peuvent contribuer à informer et à sensibiliser le public aux dangers et à changer les comportements, comme dans le cas de la prévention routière, de la lutte contre le tabagisme ou l'alcoolisme, de la prévention du sida ou des appels au dépistage des cancers.

Une interdiction de la publicité s'avère peu probable. Une telle loi risquerait d'être inconstitutionnelle, car portant atteinte à la liberté d'expression. Ainsi, les citoyens ont pris le parti de vouloir mieux encadrer le secteur et ses pratiques, mais les professionnels se montrent plutôt réticents. Inquiets, ils se sentent attaqués sur leur métier. Ils se sont exprimés dans les médias, jugeant qu'un faux procès était fait à la publicité : plutôt que de l'interdire, il faudrait l'intégrer au panel des outils de lutte contre le réchauffement. La CCC veut réduire la possibilité de promouvoir les produits les plus polluants grâce au « score carbone » dont nous avons parlé au chapitre précédent.

Davantage de contraintes est perçu comme une entrave. Pourtant, certains secteurs d'activité, comme l'alcool ou le tabac avec la loi Evin, les jeux d'argent ou encore les médicaments, ont leur publicité réglementée. Limiter la promotion ne signifie pas forcément interdire la vente. Mais c'est déjà en soi une petite révolution.

Éduquer à la consommation responsable

La preuve par l'exemple a peut-être poussé la CCC à vouloir insister sur l'éducation à la consommation et de manière plus générale à l'environnement. En effet, la plupart des citoyens tirés au sort admettent bien volontiers que leur prise de conscience quant à la nécessité de transformer les modes de vie s'est opérée grâce aux échanges qu'ils ont pu avoir avec les experts du climat.

Eux-mêmes conçoivent que « *la sensibilisation et l'éducation sont des actions qui peuvent porter leurs fruits à long terme, mais dont l'effet est difficile à évaluer. Les réductions d'émissions attendues à très court terme seront faibles, mais à long terme, elles peuvent être extrêmement structurantes en contribuant à faire émerger de nouveaux comportements individuels et de nouvelles orientations pour les politiques nationales de transition bas-carbone.* » Les limites aux messages de pédagogie, de sensibilisation et de prévention sont bien connues. On dispose de plusieurs décennies d'expérience dans le domaine de la santé (alcoolémie, tabac, alimentation équilibrée, prévention des maladies sexuellement transmissibles…) ou des comportements (civisme, prévention routière…). Trop répétés, les messages perdent de leur valeur et semblent moins audibles ; absents ou pas assez martelés, ils disparaissent des esprits. C'est donc un savant dosage à trouver, sachant que plus ce type de messages est passé tôt, plus il peut imprégner l'opinion publique. Aux yeux de la CCC, le climat reste pour beaucoup une préoccupation lointaine, voire complexe. « *Quant aux adultes, force est de constater que vingt ans de campagnes sur le développement durable et l'urgence climatique n'ont pas modifié en profondeur nos modes de vie, même si la prise de conscience progresse très vite.* »

À la Fondation GoodPlanet, nous soutenons ce type de démarches. Depuis nos débuts en 2005, nous œuvrons pour sensibiliser le plus grand nombre de différentes manières : films, livres, expositions, conférences, ateliers pédagogiques et affiches éducatives dans toutes les écoles de France. Cette conviction nous anime plus que jamais. Petit à petit, nous constatons que la prise en compte de l'écologie progresse grâce à l'engagement des enseignants auprès de leurs élèves, des parents et des associations. Il subsiste toutefois le risque de faire du climat un objet d'anxiété. Cette éco-anxiété, comme certains l'appellent, peut parfois se muer en une sorte de fatalisme. C'est pourquoi l'éducation à l'environnement doit aussi être un vivier d'inspiration en présentant les solutions qui feront le monde de demain.

Et c'est vraisemblablement sur ce terreau de l'éducation pour tous que le monde de demain se bâtira en devenant plus désirable. Le film documentaire *Demain* de Mélanie Laurent et Cyril Dion, l'un des initiateurs de la Convention Citoyenne, a su le faire de manière positive. Avec un million de spectateurs en salle en 2015, on peut dire que le pari a été réussi. Diffuser des slogans, des idées, participer à la conduite du changement est une chose. Éduquer et développer l'esprit critique en est une autre. Mais ces deux approches se complètent et ne feront sens qu'en remettant profondément en cause ce qui ne fonctionne pas dans notre modèle économique et social. Et, au final, en changeant durablement nos comportements. Cette proposition synthétise donc toute l'essence de la démarche de la CCC.

Produire et travailler

Comment concilier activité économique, emploi et préservation de l'environnement ? On a tendance à les opposer en estimant trop rapidement que les politiques écologiques constituent des freins économiques. Pourtant, les régulations écologiques n'empêchent en rien les activités économiques… ni l'emploi. Mais le chantage à l'emploi et la difficulté à se remettre en cause chez certains acteurs économiques les incitent à traîner des pieds ou à s'ingénier à éviter de revoir leur manière de procéder. Beaucoup n'hésitent pas à recourir au lobbying pour défendre leurs intérêts. Une histoire bien connue qui se répète inlassablement, afin que rien ne change vraiment.

Pourtant, revoir la manière dont nous produisons est une nécessité. Trois décennies de discours sur le développement durable, popularisé lors du Sommet de la Terre de Rio en 1992, ont fini par ancrer le concept dans les esprits, mais sa concrétisation prend encore du temps. C'est pour lever une partie de ces freins, comme cela aurait déjà dû être fait depuis des années, que la Convention, avec vingt et une propositions, s'est penchée sur le travail et la manière dont on produit. Une préoccupation qui concerne bien entendu l'emploi. Il est à noter que la Convention a voté, à une majorité des deux tiers des suffrages exprimés, contre une mesure qui envisageait de limiter le temps de travail à vingt-huit heures hebdomadaires. Un quart de siècle après la loi Aubry pour la réduction du temps de travail à trente-cinq heures hebdomadaires, le temps de travail cristallise encore de vifs débats récurrents. Pourtant, la crise écologique, en grande partie due à la voracité économique, interroge aussi sur la manière dont nous répartissons notre temps et la finalité du travail. La minorité des conventionnels en faveur d'une réduction du temps de travail avait mis en avant l'impact d'une telle mesure sur la réduction des déplacements ainsi que le gain de temps permettant de se consacrer à des actions bénéfiques pour le climat.

Financer la transition

Ce n'est pas franchement un sujet sexy, il est pourtant essentiel et les citoyens de la Convention l'ont bien compris : pour achever la transition écologique, outre la volonté politique, l'argent sera le nerf de la guerre. C'est pourquoi la CCC a formulé plusieurs mesures dans ce sens afin de financer les propositions qu'elle avance. Les citoyens veulent ainsi faire en sorte que l'épargne des Français aille à la transition écologique.

« *Lors de la première session de la Convention, en plus de proposer des solutions impactantes, le Premier ministre nous a demandé de prouver que nous pouvions gérer les contraintes, y compris budgétaires, donc le financement* », résume Agny, une des citoyennes qui a défendu la proposition. Âgée de 38 ans, cette coordinatrice dans le médical qui vit en Île-de-France rappelle que la priorité est de réduire de 40 % les émissions de gaz à effet de serre de la France d'ici 2030. « *Au début, la principale raison qui nous a été donnée pour expliquer le fait que la transition écologique ne progresse pas est le financement absent ou insuffisant. Or, en écoutant les économistes et les experts, on a constaté que les dispositifs existaient au niveau français et européen.* » La Convention propose donc de réaffecter une partie des fonds de l'épargne réglementée (Livret A et Livret de Développement Durable et Solidaire – LDDS) vers des investissements verts. Cela peut se faire par décret et concernerait tous les Français. En effet, 24 millions de personnes détiennent un Livret A ou un LDDS, dont les encours atteignent les 443 milliards d'euros en septembre 2020. « *La difficulté est de savoir ce qu'est un investissement vert* », explique Agny, même si depuis quelques années les critères des investissements verts sont mieux définis. Toujours soucieux de trouver des fonds pour la transition, les citoyens ont proposé de faire contribuer les entreprises par une taxe sur leurs dividendes annuels. En 2019, les entreprises du CAC 40 ont versé plus de 49 milliards d'euros à leurs actionnaires. Les membres de la CCC ont émis l'idée d'en prélever une infime partie. Ils préconisent de taxer à hauteur de 2 % les dividendes inférieurs à 10 millions d'euros et à hauteur de 4 % au-delà de ce seuil, ce qui ne pénaliserait pas les plus petites entreprises.

Emmanuel Macron a rejeté cette mesure dès la remise du rapport : « *J'avais quelques jokers,* [...] *je suis en désaccord avec la taxe de 4 % sur les dividendes que vous proposez.* [...] *Mettre une taxe sur tous les investissements, c'est réduire notre chance d'attirer des investissements supplémentaires.* [...] *Nous sommes déjà un pays très fiscalisé, je pense qu'accroître la fiscalité pour répondre à ce défi n'est pas la bonne manière.* » Agny rappelle que la mesure « *fait toujours partie des 149 mesures qu'on défend. Avec énormément de revenus des capitaux, on peut prendre de 2 à 4 % des dividendes sans que cela fasse fuir les investisseurs et les entreprises. Dans nos propositions, tout n'était pas effort, il y avait aussi des contreparties.* » Agny évoque les mesures d'aide imaginées pour accompagner les entreprises dans la transition avec le financement des infrastructures ou encore les aides à la recherche dans les technologies vertes.

C'est que les questions de fiscalité sont sensibles. La CCC a fait le choix de ne pas remettre sur la table une éventuelle taxe carbone dont l'augmentation a été gelée en France. Or, bien qu'il s'agisse d'une mesure impopulaire, la plupart des économistes estiment que fixer un prix élevé au carbone est un des leviers les plus efficaces de réduction des gaz à effet de serre. Mais sa mise en œuvre, encore loin de faire l'unanimité, risque d'être perçue comme en défaveur de ceux, nombreux, qui ont des fins de mois difficiles.

Ne pas oublier l'impact du numérique sur le climat

En moins d'un siècle, les progrès de l'informatique ont modifié notre quotidien grâce à la miniaturisation, l'augmentation exponentielle de la puissance de calcul, la baisse continue du prix des composants et surtout la multiplication des équipements. Il y plus de 7 milliards de Smartphones dans le monde et près de 45 millions de serveurs, auxquels s'ajoutent des milliards d'ordinateurs personnels ou professionnels.

Agnès, conventionnelle de 46 ans, pointe du doigt « *le développement rapide des technologies qui n'a pas forcément un impact positif sur les nouvelles générations et la nôtre. À la désocialisation et au harcèlement, il faut ajouter l'impact écologique lié au fait de devoir s'équiper sans cesse de nouveaux appareils.* »

Omniprésent dans nos existences depuis un quart de siècle avec l'Internet, le numérique est assimilé à la dématérialisation. Or, comme le reconnaissent justement les membres de la CCC, « *dans l'esprit des gens, le numérique est immatériel et peut faire l'objet d'un usage illimité* ». Sa pollution se révèle en effet invisible, ou plutôt diffuse, entre, d'un côté, la production des équipements (l'extraction des ressources minières et l'obsolescence qui conduit à la mise au rebut fréquente des appareils) et, de l'autre, la consommation d'énergie.

Le numérique requiert en effet de nombreux équipements dont la durée de vie s'avère limitée. On renouvelle en moyenne tous les vingt-quatre mois son Smartphone alors que, neuf fois sur dix, l'ancien est encore fonctionnel. En plus de ce qu'on trouve chez soi, pour que le système fonctionne, il faut ajouter l'infrastructure réseau dont les data centers avec leurs serveurs qui hébergent les sites Internet, les vidéos ou la musique diffusées en streaming, les applications et les espaces de stockage. Il n'existe pas encore de consensus sur l'empreinte carbone du numérique. Elle reste difficile à évaluer précisément pays par pays, puisqu'une partie des services n'est pas hébergée sur place. Mais tout le monde s'accorde à dire que le secteur va continuer de connaître une croissance très rapide partout dans le monde ; et la France souhaite ne pas rater le train du numérique avec le développement de la 5G et de la fibre sur tout son territoire, afin de faire du secteur du numérique un des piliers de son économie de demain. On estime toutefois que le secteur représente 4 % des émissions mondiales de gaz à effet de serre. Ce n'est pas parce que c'est virtuel que cela n'a pas d'impact. Maxime Efoui-Hess, du think tank français The Shift Project, résume dans une interview à *GoodPlanet Mag'* début 2020 toute la contradiction du sujet : « *Le numérique est l'outil phare censé nous aider à résoudre les problèmes du XXI*e *siècle, y compris le défi climatique. Il est donc avisé de réfléchir aux contraintes énergétiques en les appliquant au numérique. Il faut l'adapter pour le rendre compatible avec les contraintes énergétiques et climatiques.* » Car, sous certaines conditions, les transformations apportées à nos modes de vie par le numérique peuvent être bénéfiques pour l'environnement, par exemple le télétravail qui limite les déplacements domicile-travail, l'économie collaborative favorisée par l'usage partagé des objets plutôt que la possession individuelle, le développement de réseaux intelligents de gestion de flux d'énergie ou de transport – les *smart grids*.

Il existe plusieurs moyens de réduire le poids sur le climat du numérique. Cela passe par l'éducation afin de changer les comportements des usagers – par exemple en privilégiant une connexion WiFi plutôt que via un réseau mobile sans fil de type 4 ou 5G, ou en limitant la taille des fichiers échangés ou visualisés en streaming –, mais aussi par des réglementations ou des mesures au niveau des entreprises afin de promouvoir une plus grande sobriété. La CCC propose de miser sur la sensibilisation de tous dans un secteur où les évolutions sont rapides, de favoriser aussi la réparation et l'information aux consommateurs. Elle a également demandé un moratoire sur la 5G, que le gouvernement a refusé en lançant l'appel d'offres et le déploiement de cette technologie fin 2020, suscitant un débat sur la pertinence et les effets sanitaires de la 5G.

Cette question, à n'en pas douter, restera au centre des préoccupations écologiques, sociales et même individuelles du siècle en cours, avec le développement des objets connectés, de la 5G, l'impact croissant des algorithmes et, par extension, de l'intelligence artificielle. Bref, cela concerne tout le monde, et on n'a pas fini d'en entendre parler !

Un bilan carbone tous les ans afin de savoir où l'on va

Et si les indicateurs de la bonne santé climatique d'une entreprise devenaient aussi normaux et généralisés que ceux de sa bonne santé économique ? Cette réflexion a guidé les participants à la Convention qui veulent rendre obligatoire un bilan carbone annuel. L'idéal pour une entreprise étant de faire mieux ou pareil d'une année sur l'autre, mais avec moins de gaz à effet de serre émis.

Comment connaître ses émissions de gaz à effet de serre quand on est une entreprise ou une collectivité ? L'outil existe depuis des années : le bilan carbone. Une méthodologie précise détermine la manière dont il s'effectue, à la croisée entre l'enquête destinée à déterminer les causes d'émissions de gaz à effet de serre et la comptabilité afin d'en évaluer le niveau. En France, on se réfère à la méthodologie élaborée par l'Ademe. En théorie, c'est simple : mesurer les gaz à effet de serre de son activité. Dans les faits, c'est un peu compliqué. Pour simplifier, il y a les gaz à effet de serre émis directement par vos activités et ceux émis indirectement. Le bilan de gaz à effet de serre BEGES est obligatoire en France tous les quatre ans pour les entreprises de plus de 500 salariés ; pour les régions et communes de plus de 50 000 habitants, il revient tous les trois ans.

« Auparavant, le BEGES était un vague bilan fait tous les quatre ans. Annualiser permet de valoriser la performance des entreprises, comme on suit ses comptes on va suivre son compte carbone », défend Sylvain Burquier, un des 150. La CCC innove en proposant d'étendre ce bilan à toutes les structures en prenant en compte toutes leurs émissions de gaz à effet de serre, et cela chaque année. *« Peu d'entreprises faisaient le BEGES de manière sérieuse. Je me suis attelé à ce sujet, car je suis persuadé qu'il s'agit d'un levier fort de valorisation des entreprises. Les grands cabinets regardent déjà tous le bilan carbone pour savoir si*

une entreprise est valorisable », explique encore Sylvain Burquier. Ce citoyen de 46 ans travaille dans la communication. Il met en avant l'exemple d'une agence de voyages. « *Actuellement, si elle fait un bilan carbone, seules les émissions directes, c'est-à-dire surtout la consommation d'énergie de ses bureaux, seront prises en compte. Nous voulons intégrer le scope 3, cela veut dire prendre en compte tous les impacts des produits et des services vendus. Pour une agence de voyages qui propose des billets d'avion, il faudra donc inclure la vente des produits et services, dont l'aérien, ou pour un magasin l'origine et l'empreinte carbone de ses produits.* »

La Convention prévoit également des sanctions à hauteur de 2 % de leur chiffre d'affaires si le bilan carbone n'est pas réalisé.

La proposition se montre ambitieuse, car elle concerne toutes les entreprises, collectivités locales et organismes publics dans les plus brefs délais, même si les PME et les associations auront dix ans pour s'y préparer. Toutes devront chaque année faire leur bilan carbone. Une décision que salue Matthieu Jousset, directeur du pôle Action Carbone Solidaire de la Fondation GoodPlanet, qui réalise des bilans carbone et de la compensation volontaire depuis une quinzaine d'années : « *C'est une très bonne chose de passer du BEGES (scopes 1 et 2) à un bilan carbone (scope 1 à 3) pour que ça comprenne 100 % du périmètre opérationnel d'une organisation.* » Il nuance : « *En revanche, je trouve ça trop extrême de le demander pour toutes les organisations. En effet, les TPE et PME ont peu de moyens et de temps, et cet exercice est très compliqué pour des néophytes. Donc soit l'État donne des aides aux PME pour financer cet exercice, soit il s'agit d'un bilan carbone simplifié.* »

Sylvain Burquier précise que les PME auront du temps pour s'adapter et qu'il voit dans la proposition des citoyens « *plus qu'une obligation. Instaurer le bilan carbone représente une opportunité de créer des emplois et de faire de la pédagogie. À long terme, ces indicateurs seront très utiles. C'est une manière de changer le système économique et les entreprises en leur proposant des outils vertueux.* »

Se déplacer

On ne s'en rend pas compte tant elle régit nos existences au quotidien, mais la mobilité moderne est une véritable révolution. À tel point que la Convention a formulé quarante-trois propositions dans ce domaine. Nous sommes passés d'une mobilité musculaire, la marche, entre 4 et 6 km/h, à des déplacements mécanisés qui peuvent dépasser les centaines de kilomètre-heure ! Un exemple, au XVIIIe siècle, pour faire Paris-Marseille à cheval, il fallait, en plus de toute une logistique, une quinzaine de jours. Actuellement, c'est 7 h 30 min en voiture par l'autoroute (0,48 tonne de CO_2 pour une personne seule dans une voiture de 6 à 10 CV), 3 h 15 min en train à grande vitesse

(0,01 tonne de CO_2 pour une personne seule) et 1 h 20 min en avion (0,29 tonne de CO_2 pour une personne seule dans un vol commercialisé rempli à plus de 80 %).

Depuis plus d'un demi-siècle, l'automobile est au cœur de la vie des Françaises et des Français. On s'est accoutumé à beaucoup se déplacer pour les petits trajets du quotidien. Les villes, les régions, les pays sont modelés en fonction des voies de transport de passagers ou de marchandises. Marche, vélo, voiture, transports en commun, la mobilité est au cœur du quotidien de (presque) chacun d'entre nous. Les distances entre le domicile et le travail ont augmenté en même temps que la vitesse des moyens de locomotion. Il en va également ainsi pour les produits que nous consommons, qui plus que jamais proviennent des quatre coins du monde par bateau, camion et train. Le recours massif au pétrole a un coût climatique conséquent.

En France, le secteur des transports représente un tiers des émissions de gaz à effet de serre. Peu à peu se développent des technologies plus propres ; réduire l'empreinte carbone des transports reste un défi de taille. Il faut tout revoir : les technologies, les comportements, les mentalités et la manière dont les régions sont organisées. La voiture individuelle concentre la moitié des émissions du secteur des transports en France, en transformer les usages est donc une des priorités de la Convention dans la lutte contre le changement climatique. Sacré défi, car l'industrie automobile française pèse dans l'économie et emploie 200 000 personnes auxquelles il faut ajouter tous les garagistes, stations-service, auto-écoles, loueurs, sports mécaniques, titres de la presse spécialisée... On le sait depuis des années : les prix du pétrole sont voués à augmenter car les réserves diminuent. On parle de « pic pétrolier ». La voiture telle qu'on la connaît doit entamer sa mutation : depuis vingt ans, on nous promet que dans quelques années nous roulerons tous à l'électrique. Le mouvement s'amorce lentement. On compte près de 32 millions de voitures sur les routes de France, soit 480 voitures pour 1 000 habitants et bien plus si on ajoute les véhicules utilitaires et les flottes d'entreprise ou de collectivité. Mais plus de 97 % des véhicules en circulation possèdent un moteur thermique, donc polluant. Avant de parvenir à une révolution dans l'automobile, les citoyens devront convaincre, tant les débats et remises en question en la matière déchaînent les passions. Pourtant, les alternatives existent pour repenser la manière de se déplacer sans être dépendant du pétrole, bon marché mais nocif pour le climat.

Des centres-villes avec moins de voitures, chiche !

Matthieu, participant à la Convention, défend l'idée de « *redonner du sens et une âme au centre-ville, car on n'a pas envie de s'arrêter dans un centre qui est bruyant, encombré et pollué. J'habite une région où quelques villes ont même momentanément, le week-end, déjà restreint l'accès des centres-villes aux voitures. La vie et le commerce reprennent leurs droits.* »

Au début, l'idée a pu sembler saugrenue et susciter des débats : interdire le centre-ville aux véhicules les plus polluants. Pourtant, les villes de Göteborg, Malmö et Stockholm en Suède ont tenté l'expérience dès le milieu des années 1990. En un quart de siècle, l'idée, d'abord mise en place pour lutter contre la pollution de l'air, a essaimé, puisqu'on compte désormais 250 Zones à Faibles Émissions (ZFE) dans l'Union européenne. La France en recense une vingtaine, dont Paris, Strasbourg et Grenoble. Elles se matérialisent notamment avec les vignettes Crit'Air, qui indiquent qu'un véhicule peut rouler ou non dans certaines zones urbaines. Une façon de réduire la pollution de l'air en limitant la circulation des véhicules les plus polluants. La CCC propose de les généraliser.

La création des ZFE accompagne un mouvement plus vaste visant à revoir les déplacements dans les centres-villes. Ces derniers souffrent en effet de la trop grande présence de l'automobile pour effectuer de courts trajets, entraînant bruit, difficultés pour se garer, embouteillages et pollution. Ainsi, la seule pollution de l'air est responsable de 48 000 décès prématurés par an en France, ce qui en fait la troisième cause de mortalité après l'alcool et le tabac.

En dehors des heures creuses, une voiture roule en moyenne à 16 km/h en ville. Ça tombe bien, car en plus d'interdire aux véhicules les plus polluants le cœur des villes à partir de 2030, la Convention Citoyenne envisage de généraliser la limitation de la vitesse à 30 km/h en agglomération. « *Entre les piétons, les dos-d'âne et les bouchons, sommes-nous en mesure de rouler à plus de 30 km/h en ville sans être dangereux ?* », se demande Matthieu qui précise que l'idée fait consensus, contrairement aux 110 km/h sur autoroute au lieu de 130.

Une telle mesure plus le développement du Fonds Vélo (un dispositif d'aides publiques pour favoriser la petite reine comme moyen de transport du quotidien) rendraient plus attractifs les déplacements en deux-roues non-motorisé. Depuis des décennies, l'exemple des Pays-Bas et de Copenhague, deux endroits où plus d'une personne sur quatre prend son vélo pour des déplacements de tous les jours (bien que le nord de l'Europe ne soit pas forcément réputé pour son ensoleillement et sa chaleur), démontre que des villes avec moins de voitures sont possibles grâce à l'implication des pouvoirs publics. Plus près de nous, l'essor des pistes cyclables à la suite de la pandémie de coronavirus semble montrer que le vélo trouve progressivement sa place en ville et dans le cœur des Françaises et des Français. Les membres de la CCC n'oublient pas ceux qui doivent se rendre en ville, en proposant de créer des parkings-relais en périphérie afin qu'ils garent leur voiture avant de prendre un moyen de transport propre. La CCC propose aussi de généraliser les voies réservées aux transports collectifs ou aux voitures occupées par plusieurs personnes sur les autoroutes et voies rapides. Grenoble a déjà montré l'exemple en permettant dès 2013 aux bus d'emprunter la bande d'arrêt d'urgence. Comme Matthieu le souligne : « *Il faut que les collectivités s'emparent du sujet car il n'est pas possible d'établir des règles fixes pour toute la France et chaque ville aura la meilleure solution la concernant.* »

Il faudra du temps pour que ces mesures accompagnent les changements de comportement, afin d'éviter d'utiliser la voiture sur de courtes distances. L'idée étant de lutter contre l'autosolisme, cette pratique qui fait qu'une voiture (qui pèse près d'une tonne !), pourtant prévue pour embarquer plusieurs passagers, soit dans la grande majorité des cas uniquement occupée par son conducteur (qui pèse en moyenne 62 kg pour les Françaises et 80 kg pour les Français). Les trois quarts des 18 millions de personnes qui se rendent au travail en voiture sont seules dans leur véhicule, selon les estimations du phénomène en France.

Le mouvement est déjà amorcé, il a besoin d'être accéléré. La Convention espère que cela changera la donne : « *L'interdiction progressive des véhicules en centre-ville peut avoir un effet limité sur les émissions à court terme, mais cet effet peut devenir important à long terme, au fur et à mesure que les zones d'interdiction s'étendent, et en contribuant à changer le rapport à la voiture en ville.* »

110 km/h sur autoroute, c'est pas demain la veille !

« L'enfer est pavé de bonnes intentions. » Cette phrase suffit à résumer la difficulté de faire accepter une réduction de la vitesse autorisée sur autoroute. Cette mesure a cristallisé l'attention lorsque les propositions de la Convention Citoyenne pour le Climat ont été dévoilées. Elle s'est aussi révélée, lors de son vote par la CCC, celle qui a obtenu le moins d'adhésion avec l'approbation de 59,7 % des votants. C'est peu dire d'affirmer qu'une telle mesure fait débat. Osons même le terme de controverse, tant elle en dit long sur notre société, le rapport à la vitesse, la place de la voiture et la relation au temps.

« *On n'a pas demandé à ce que les voitures explosent quand elles dépassent la vitesse autorisée. Même chez nous, elle a fait énormément débat* », confirme Matthieu, de la Convention. « *Cette mesure est représentative de la volonté de citoyens informés de l'urgence climatique de faire changer les choses. Quand on n'a pas la contrainte d'élections futures, ce genre de proposition peut être plus aisément formulée* », explique-t-il avant de préciser que l'idée a été mal reçue au sein de la CCC. Diminuer la vitesse de 20 km/h permettrait pourtant de réduire jusqu'à 20 % les émissions de gaz à effet de serre de la circulation sur autoroute. C'est loin d'être négligeable. Cet argument a su convaincre une partie des conventionnels.

Le président de la République, fort des enseignements tirés de l'opposition suscitée quelques mois plus tôt par le projet de réduire de 90 à 80 km/h la vitesse sur les routes nationales et départementales, a décidé de ne pas donner suite aux 110 km/h.

Malgré les avis divergents à son encontre, à y regarder de plus près, il s'agit d'une des mesures les plus simples à mettre en œuvre, car elle requiert simplement de modifier le code de la route et la signalétique autoroutière. Et ce n'est pas vraiment une question d'argent, puisqu'en 2018, le ministère de l'Environnement estimait le coût du changement des panneaux sur les 12 000 km du réseau autoroutier national à 16 millions d'euros sur dix ans. Mais au niveau individuel, cette mesure se heurte au désir d'aller vite et de ne pas perdre de temps. Elle n'entraîne pourtant, comme les citoyens l'écrivent, qu'« *un allongement modéré des temps de trajet : entre quatre et huit minutes par heure* ». Est-ce un si grand effort ? Nous laissons chacun en juger. Les citoyens sont clairvoyants à ce sujet : cette mesure « *peut être vécue comme une limitation de liberté et une perte de temps (qui peut être assimilée à un surcoût pour les ménages et les professionnels)* ».

Passer les autoroutes à 110 km/h, est-ce le petit effort de trop ? Ou une mesure qui dans quelques décennies fera consensus ? Il est trop tôt pour le dire, car le sujet reste explosif. Aujourd'hui réduire la vitesse sur les autoroutes relève de l'utopie, mais il y a fort à parier qu'on en entendra de nouveau parler... « *Cette mesure remet en question l'image de la voiture individuelle comme outil absolu d'émancipation. Du coup, pour certains, réduire la vitesse, c'est empiéter sur nos libertés actuelles. Or, ces libertés-là, nous les prenons à crédit sur le dos de nos enfants. Est-ce que, eux, ils méritent d'être privés de liberté ? La question se doit d'être posée* », conclut Mattieu.

Un malus plutôt qu'une interdiction

La loi française a (théoriquement) programmé l'interdiction de la vente de voitures à moteur thermique pour 2040. Nicolas Hulot, alors ministre de l'Écologie, avait annoncé cette ambition en 2017. Elle a ensuite été inscrite dans la loi. La fin des moteurs polluants est donc prévue dans deux décennies, ce qui devrait normalement laisser à tout le monde assez de temps pour anticiper cette mini-révolution... tout en accompagnant le renouvellement progressif du parc automobile français, dont l'âge moyen est de 10,6 ans en 2020. En moyenne, une voiture est mise au rebut quand elle atteint les 19 ans. Cette législation intervient au moment où l'industrie cherche justement des moyens pour réduire voire supprimer sa dépendance aux hydrocarbures et à se tourner vers des sources d'énergie moins polluantes comme l'électricité ou l'hydrogène. Les technologies existent, elles demandent juste à être généralisées, améliorées et économiquement abordables. En attendant, on dispose déjà de solutions pour réduire la consommation d'essence : amélioration des motivations, carburants moins polluants, moteurs hybrides, réduction du poids des véhicules, usage des GPS pour optimiser les parcours, autopartage, covoiturage ou encore écoconduite.

S'il n'est ni souhaitable ni possible d'interdire du jour au lendemain la voiture, on peut rendre les modèles les plus émetteurs moins attractifs. C'est ce principe qui a guidé la création du mécanisme de bonus-malus. Il a été instauré en France suite au Grenelle de l'environnement de 2007. Ce dernier cherche à favoriser l'acquisition de voitures propres en rendant les véhicules les moins polluants plus attractifs, avec notamment des aides ou des avantages, tandis que les plus émetteurs voient leur prix augmenter. Ainsi, lorsqu'un véhicule rejette plus de 110 g de CO_2/km, son prix est majoré de 50 euros par gramme émis dans la limite d'un plafond de 20 000 euros.

La CCC veut aider la population à s'équiper en voitures moins polluantes. Matthieu, de la Convention, utilise sa voiture pour aller au travail : « *Cette mesure est intéressante car elle reflète la manière dont on a envisagé notre travail pour que l'usage de la voiture change. Nous ne devons plus être dépendants de cette satanée voiture qui est un gouffre. Mais il reste plein d'endroits, notamment dans les campagnes, où il n'est pas possible de faire autrement.*

L'idée derrière cette proposition est que si je dois prendre une voiture, autant avoir un véhicule un peu plus propre et donc de faciliter l'accès à ces derniers. »

L'objectif à terme est d'interdire la commercialisation des voitures les plus émettrices. À l'heure actuelle, il s'agit des voitures rejetant plus de 140 g de CO_2/km, qui représentent moins de 3 % des ventes en France. Concernant les malus, la CCC propose qu'« *à long terme, le bonus-malus continue à évoluer pour atteindre les objectifs nationaux de décarbonation du secteur des transports en 2050, ainsi que les objectifs européens de réduction d'émissions, soit une moyenne de 81 g de* CO_2*/km en 2025 et 59 g de* CO_2*/km en 2030 sur les ventes de véhicules neufs* ».

Cette transition est déjà amorcée depuis un quart de siècle. Selon l'Ademe, le taux moyen d'émission des véhicules particuliers neufs vendus en France (essence et diesel confondus) est passé de 176 g de CO_2/km en 1995 à 112 g de CO_2/km en 2019, avec une nette inflexion au tournant des années 2010 suite à la mise en place du bonus-malus.

Enfin, la CCC propose de s'attaquer aux automobiles les plus lourdes, notamment les SUV, en instaurant un malus plus élevé pour les plus volumineux. En effet, en une décennie, le poids des voitures a augmenté de 7 % pour les diesels et de 13 % pour les essences, soit une centaine de kilos de matériaux en plus. Cela entraîne également une perte des gains d'efficacité dans la motorisation (besoin de moteurs plus puissants pour bouger plus de poids). La CCC a obtenu que la vente des voitures de plus de 1 800 kg soit assortie de 10 euros de malus par kilo supplémentaire à partir de 2022. Une première avancée, même si les participants à la Convention demandaient que le malus s'applique dès 1 400 kg.

Un autre monde du travail est possible

Avec le coronavirus, il a fallu quelques jours pour transformer la manière de travailler... là où sans crise, l'essor du télétravail aurait pris des années. Révélation, voire révolution. Durant le premier confinement, un salarié du privé sur quatre a télétravaillé. Ils étaient à peine un sur dix auparavant à travailler de chez eux, selon un sondage de l'institut CSA. Tous les métiers n'offrent pas la possibilité d'exercer de chez soi, juste avec son ordinateur. Mais une part importante si. Rappelons qu'en France, selon l'INSEE, « *parmi les personnes en emploi, 13,8 % travaillent dans le secteur d'activité de l'industrie, 6,5 % dans la construction, 2,6 % dans l'agriculture et 75,9 % dans le secteur tertiaire* ». A priori, une partie des métiers du tertiaire, c'est-à-dire les services, peuvent s'effectuer à distance.

Matthieu, un des citoyens tirés au sort pour prendre part à la CCC, explique : « *J'étais assez méfiant sur le télétravail. Or le confinement a tout changé en banalisant cette pratique. Les entreprises se sont aperçues que le rendement des salariés n'était pas moindre.* »

Les géographes parlent même de migrations pendulaires pour désigner les trajets domicile-travail. Ces trajets du quotidien représentent une part non négligeable des déplacements en France. Et donc un levier de réduction des rejets de gaz à effet de serre. En effet, 70 % des déplacements domicile-travail se font en voiture, à l'exception de l'Île-de-France où ce chiffre baisse à 43 %, à quasi-égalité avec les transports en commun. Ces trajets dépendent des horaires de travail et se traduisent donc par des afflux de voitures ou de passagers aux heures de pointe. Ce qui entraîne des bouchons et des difficultés de transport. Ainsi, faire en sorte que moins de personnes se déplacent aux mêmes heures permettrait de désengorger les réseaux de transport et les routes, et donc de réduire la pollution. Pour ce faire, on peut décaler les horaires de bureau ou de début des cours. Des solutions simples.

Le télétravail peut aussi jouer un rôle, même si son impact avéré sur l'environnement reste débattu et à évaluer plus finement. La CCC note ainsi que « *travailler un jour de moins par semaine ou ne pas se déplacer un jour par semaine (télétravailler) permettrait de gagner 20 % de temps dans les trajets domicile-travail pour un salarié* », ou encore de partager les espaces de travail et donc de réduire la surface dédiée aux bureaux.

Toutefois, dans ses travaux, l'Ademe se montre plus nuancée. D'un côté, le télétravail se traduit par un usage plus intensif du numérique, dont l'impact écologique ne cesse de croître. De l'autre, « *puisque se déplacer jusqu'aux bureaux de l'entreprise n'est plus systématique et quotidien, des travaux montrent la propension des télétravailleurs à privilégier un cadre de vie périurbain ou rural, portés par un imaginaire du télétravail duquel "l'ennui des navettes" est absent* ». Si le télétravail réduit les trajets maison-travail, il peut accroître d'autres déplacements, comme ceux vers les commerces et les loisirs, voire les espaces de coworking, tout en favorisant l'étalement urbain. Matthieu, de la CCC, estime que le travail à distance peut apporter plus de « *confort de vie. Car le télétravail peut permettre de dégager du temps pour aller chercher ses enfants à l'école, puis se rendre dans le centre-ville devenu piéton chercher le goûter… Toutes ces petites choses de la vie pour lesquelles, quand on enchaîne métro, boulot, dodo, on n'a pas le temps et qui font qu'on prend la voiture, pour aller plus vite.* » Or, si le temps, comme le dit l'adage, c'est de l'argent, c'est parce qu'il ne se rattrape pas. Un Francilien passe en moyenne une quarantaine de minutes pour effectuer le trajet entre son domicile et son lieu de travail (aller simple), un temps conséquent et bien plus important qu'ailleurs en France.

Prendre en compte l'impact sur le climat du transport aérien

La Convention Citoyenne propose de mettre fin aux vols intérieurs en métropole lorsqu'il est possible de faire le même trajet en moins de quatre heures en train ou en autocar. Le président de la République a abaissé ce seuil à 2 h 30 min, ce qui réduit le nombre de liaisons concernées. « *Cela ne vide pas la mesure de sa substance, mais en réduit l'effet souhaité* », déplore Matthieu de la CCC, qui réside à proximité de l'aéroport de Roissy en Île-de-France. « *Nous étions partis du constat que les compagnies françaises sont déficitaires sur ces lignes intérieures là, et donc qu'il est parfaitement envisageable de les fermer. On souhaite trouver un équilibre entre fermeture des lignes aériennes et réouverture des lignes ferroviaires pour éviter l'enclavement des territoires.* »

« Victime de son succès », voilà comment résumer tout le paradoxe du transport aérien. En à peine plus d'un siècle, l'avion est passé de rêve de géniaux casse-cou prêts à tout pour rester quelques minutes en l'air sur des engins artisanaux au statut de transport de masse.

Le fait de prendre l'avion peut sembler banal, toutefois il reste un transport emprunté avant tout par les plus riches, les cadres étant ceux qui le prennent le plus. En France, une personne sur cinq n'est jamais montée dans un avion de sa vie. C'est le moyen le plus rapide pour parcourir de longues distances. Boostée par l'essor du tourisme international, des vols low cost et des petits trajets, l'aviation se montre extrêmement polluante, pour représenter à elle seule plus de 2 % des émissions mondiales de gaz à effet de serre. Il n'en reste pas moins qu'avant la pandémie de Covid-19, les perspectives de croissance du secteur pour 2037 étaient faramineuses. Le nombre de passagers aériens devait doubler pour atteindre, à cette date, les 8,2 milliards ! Une telle croissance s'accompagnerait forcément d'une hausse des rejets de gaz à effet de serre.

Mais après la pause due à la pandémie, il y a fort à parier que la machine repartira. C'est pourquoi agir sur les émissions de ce secteur reste primordial. « *L'écocontribution de 1,5 euro par billet* [mise en place par le président de la République Jacques Chirac en 2006] *reste un énorme point de discussion, car jusqu'à présent les compagnies l'absorbaient dans le prix du billet. Nous souhaitons l'augmenter afin de responsabiliser le passager. Les compagnies pensaient que nous voulions qu'elles l'absorbent dans le prix du billet, or nous voulons que le voyageur sache que ce mode de transport et son voyage vont avoir une empreinte carbone qu'il faut compenser. Nous ne sommes pas fans du principe pollueur-payeur, mais nous pensons que c'est une démarche à avoir pour sensibiliser les gens. On s'est inspiré de ce que le Royaume-Uni a déjà fait sans que cela entraîne de grandes vagues de contestations* », rapporte Matthieu, à qui la mesure tient à cœur. Au Royaume-Uni, chaque passager s'affranchit ainsi d'une taxe d'au moins 13 livres (soit 14 euros, presque dix fois plus que l'écocontribution), l'Air Passenger Duty, dès lors qu'il prend un avion ; cette taxe a été créée afin de rendre l'avion plus cher et de réduire les émissions de gaz à effet de serre. La Convention a donc adopté le principe d'une « écocontribution kilométrique renforcée » de 30 euros par billet pour les vols de moins de 2 000 km, 60 euros pour les vols de plus de 2 000 km en classe éco (180 et 400 euros en classe affaires). Mais la mesure risque de ne pas aboutir en raison de la crise du secteur aérien, ce dernier arguant de sa fragilité.

Enfin, la Convention propose de compenser progressivement l'ensemble des émissions du secteur. L'objectif étant que pour 2030, tous les vols soient compensés à 100 %. Dès à présent, les particuliers ou les entreprises qui le souhaitent peuvent compenser leurs émissions de gaz à effet de serre, y compris celles liées à leurs déplacements, sur une base volontaire. C'est la « compensation carbone » : il s'agit de payer un montant déterminé par la pollution émise, ces fonds servant à des projets de réduction des émissions de gaz à effet de serre, par exemple en reboisant ou en aidant les pays développés à accéder aux énergies propres plutôt que fossiles. Matthieu Jousset, responsable du pôle Action Carbone Solidaire à la Fondation

GoodPlanet, qui opère de la compensation carbone volontaire depuis plus de dix ans, souligne : « *Il existe déjà CORSIA, pour Carbon Offsetting and Reduction Scheme for International Aviation, qu'on peut traduire par "régime de compensation et de réduction de carbone pour l'aviation internationale", qui prévoit de rendre obligatoire à partir de 2027 la compensation des émissions de l'aviation civile.* » Il estime que la compensation des émissions du secteur a un intérêt avec un prix élevé de la tonne de carbone. Cette dernière fixe le montant payé pour compenser les émissions d'un trajet aérien, les sommes ainsi récoltées devant servir des projets de stockage de carbone ou d'accès aux énergies propres. En effet, avoir un prix du carbone trop faible n'incite pas les acteurs à changer de comportement et à agir pour réduire les émissions. De surcroît, la création de puits de carbone, c'est-à-dire miser sur la capacité naturelle des écosystèmes, surtout les forêts ou la protection des océans qui stockent le carbone, ne suffit pas. Et Matthieu Jousset de préciser : « *La finance carbone a un rôle d'accélérateur dans la transition énergétique bas-carbone des pays en développement et il serait dommage de retirer des financements additionnels en se concentrant uniquement sur la création de puits de carbone. De plus, la compensation carbone doit être couplée à des objectifs de réduction en valeur absolue. En associant sobriété et progrès technique, l'impact climatique du voyage aérien peut être réduit.* »

Se loger

Propriétaire ou locataire, la question du logement, qui implique des charges énergétiques, nous concerne tous. L'efficacité énergétique des bâtiments devient un enjeu de société : c'est un des leviers majeurs de réduction des gaz à effet de serre... et de la facture d'énergie de chacun. Le choix d'un habitat questionne nos modes de vie. Entre le pavillon de banlieue avec jardin, la maison isolée à la campagne et l'appartement dans un immeuble, quelle est la meilleure option pour le climat ? Il n'existe pas de réponse tranchée à cette interrogation tant les paramètres à prendre en compte sont nombreux et complexes.

Les experts s'accordent à dire qu'une bonne partie du parc immobilier français, en ville ou à la campagne, a besoin d'une rénovation tant pour le climat que pour le confort des habitants. En finir avec les logements mal isolés et mal chauffés, dont le nombre serait de 5 millions dans notre pays, est une urgence.

Depuis 2014, plus de la moitié de la population mondiale vit en ville. En France, où l'urbanisation en est déjà à un stade très avancé, ce chiffre dépasse les 80 %. Or, la vie urbaine demande beaucoup de ressources et implique une dépendance aux échanges avec l'extérieur (proche ou lointain) pour les approvisionnements.

Les villes occupent 3 % de la surface terrestre, mais concentrent à elles seules 70 % de ses émissions de dioxyde de carbone et consomment entre 60 et 80 % de l'énergie mondiale. La France n'y échappe pas, puisque, selon le WWF, les villes comptent pour 67 % des émissions de gaz à effet de serre de notre pays. Pourtant, les villes sont peut-être moins nocives pour le climat qu'on pourrait le penser de prime abord. Toujours selon le WWF, mais aussi selon d'autres études, un Français vivant en ville émet moins de gaz à effet de serre par an que la moyenne nationale. Traduit en chiffres, cela signifie qu'un citadin français émet en moyenne 9 tonnes équivalent CO_2 par an tandis que la moyenne nationale se situe à 10,5 tonnes équivalent CO_2. En ville, on polluerait donc moins ? En partie oui, car la densification et la proximité des activités permettent aux citadins de se déplacer moins que les personnes vivant à la campagne. L'habitat jouerait également en faveur de la ville. Plus concentré, plus moderne, plus petit, il consommerait moins d'énergie par résident. Mais cela ne signifie pas pour autant qu'il n'y a pas des progrès à faire. C'est pourquoi la CCC a consacré 21 propositions au logement. Les conventionnels veulent aussi freiner leur expansion non maîtrisée qui pose des problèmes.

Rénover les bâtiments

C'est un vaste chantier, au propre comme au figuré, que propose la Convention en misant sur la rénovation énergétique et thermique globale des bâtiments. « *L'objectif est d'avoir un parc immobilier performant dans le domaine de l'énergie en faisant en sorte que l'ancien affiche des performances énergétiques équivalentes au neuf* », résume William, un citoyen du groupe de travail « Se loger ». Partant d'un constat d'échec dans ce domaine des politiques d'incitation conduites jusqu'à présent, les citoyens proposent de rendre obligatoire la rénovation thermique. L'enjeu est de taille : la consommation d'énergie des bâtiments, c'est-à-dire pour fonctionner, se chauffer ou se rafraîchir, représente 16 % des émissions de gaz à effet de serre de la France. Même si, grâce au nucléaire, notre pays fait mieux dans ce domaine que la moyenne européenne (36 %), la France souffre d'un parc de logements vieillissants, dont une grande partie a été rapidement construite après la Seconde Guerre mondiale pour répondre à une forte demande. « *Beaucoup de choses sont faites aujourd'hui, mais principalement via des leviers incitatifs qui n'ont pas suffi à réduire les émissions. En effet, celles-ci ont vu leur progression ralentir, mais cette légère amélioration a été en grande partie effacée par l'augmentation du nombre de bâtiments (constructions neuves) et la hausse de la surface moyenne des logements. Il faut donc agir massivement et globalement* », affirme la Convention. Des normes existent sur ces logements neufs afin qu'ils soient plus économes en énergie (BBC pour Bâtiment Basse

Consommation ou encore E+C- pour Énergie Positive et Réduction Carbone), mais pour le reste du parc immobilier, la situation est très éclectique. Certains logements anciens ou mal conçus, mal chauffés et mal isolés sont appelés « passoires thermiques ». Ils coûtent cher à chauffer, ce qui représente une double peine pour leurs habitants, souvent parmi les populations les moins favorisées. Près de 2,8 millions de ménages en France consacrent plus de 10 % de leurs dépenses à l'énergie et sont en situation de précarité énergétique.

Il y a donc un profond travail à entreprendre sur le bâti plus ancien qui représente les 4/5 des habitations. Les citoyens proposent de rénover 20 millions de logements en une décennie. Cela concerne les propriétaires résidents ou bailleurs. Les 150 veulent que la performance énergétique desdits logements soit au moins équivalente à B, c'est-à-dire qu'ils soient économes en énergie (consommant moins de 90 kWh équivalent pétrole par mètre carré et par an) et peu émetteurs de gaz à effet de serre (moins de 10 kg d'équivalent CO_2 par mètre carré et par an). Ils prévoient des sanctions comme le gel des loyers, voire, dès 2028, l'interdiction de louer des passoires thermiques. Ils prennent en compte le fait que de tels investissements ne sont pas à la portée de tous et veulent coupler l'obligation de rénovation avec un système d'aides. Ils désirent faciliter les démarches en créant un guichet unique qui fera office d'interlocuteur principal pour accompagner le grand public de l'audit de son logement à la recherche de financements et de professionnels, puis à la certification des travaux et de leurs résultats.

Aujourd'hui, l'application de cette proposition reste encore incertaine et fait face à des critiques en raison de son coût global, qui se chiffre en milliards d'euros sur des décennies, et de sa trop grande ambition. L'ancien ministre de l'Écologie Brice Lalonde, interrogé par *GoodPlanet Mag'* à ce sujet, se montre assez circonspect sur sa portée et plaide en faveur d'une rénovation thermique plus progressive et accessible via des « *petits gestes. La Convention a été influencée par les doctrinaires de la rénovation globale. Pourtant, cette dernière coûte cher et on se demande qui va payer. Elle mérite aussi d'être questionnée afin de déterminer si son objectif est de lutter contre le réchauffement climatique ou d'économiser au maximum l'énergie.* »

« *Les experts nous ont expliqué que la rénovation par petits gestes n'allait pas assez vite au niveau du retour sur investissement. C'est coûteux au départ, mais sur le long terme les économies d'énergie viennent compenser le coût de la rénovation* », témoigne William Aucant, urbaniste et membre de la Convention.

19 °C à la maison !

Les mesures proposées par la Convention peuvent se résumer ainsi : arrêtons de consommer de l'énergie quand on n'en a pas besoin. Contrairement à la rénovation qui met l'accent sur la qualité du bâti, des matériaux et des technologies, les mesures présentées ici visent à faire changer les habitudes. En mettant l'accès sur les petits gestes, les 150 rappellent que la technologie ne peut pas tout et que chacun peut agir à son niveau. Certes, mais « *si on transformait tous les citoyens en superhéros de l'écologie attentifs aux économies d'énergie, on ne serait qu'à 25 % de la résolution du problème* », affirme encore William Aucant. Car « *75 % dépendent des choix des gouvernements et des orientations prises par les industries. Tout ne repose pas sur les personnes.* »

Ces petits gestes ne suffiront pas à eux seuls, pour autant il ne faut pas négliger leur portée.

En effet, améliorer la technologie pour réduire notre consommation d'énergie ne suffira pas à assurer la transition écologique et à diminuer les émissions de gaz à effet de serre. Cette transition ne peut réussir que si nos comportements et nos habitudes changent. C'est ce qu'on appelle aller vers la sobriété. L'énergie, en l'occurrence l'électricité bon marché grâce au nucléaire, nous a fait prendre des habitudes de confort, et il est parfois difficile d'y renoncer ou simplement de faire un petit effort.

La CCC propose entre autres d'interdire de chauffer les terrasses (mesure confirmée par le ministère et qui devrait entrer en vigueur en 2021), de limiter l'usage de la climatisation (même si, avec la répétition des épisodes caniculaires en raison du changement climatique, celle-ci risque de devenir un adjuvant incontournable dans les grandes villes pour faire face aux vagues de chaleur) et préconise une température pour tous les bâtiments. Les conventionnels incitent donc de chauffer les bâtiments à 19 °C en journée, à l'exception des crèches, des hôpitaux et des EPHAD. Le chauffage représente plus de la moitié (59 %) de la facture d'énergie d'un logement en France. Selon l'Ademe, diminuer de 1 degré le chauffage permet de réduire de 7 % la consommation d'énergie. Parmi les autres pistes possibles pour réduire sa consommation d'énergie domestique, il faut se pencher sur la centaine d'appareils électriques présents chez nous. Par exemple, le simple fait de systématiquement éteindre les lumières quand on quitte une pièce peut faire économiser jusqu'à 10 % sur l'électricité. Idem pour le fait de ne pas laisser ses appareils en veille. L'Ademe et des sites d'associations écologistes, dont celui de la Fondation GoodPlanet, répertorient un bon nombre de ces petits gestes du quotidien. Pourquoi ne pas aller les regarder et s'en inspirer ? Maintenant que vous le savez, y penserez-vous ?

En finir avec la bétonisation du monde

Les mesures de lutte contre l'artificialisation des sols et l'étalement urbain figurent parmi les plus ambitieuses du programme de la CCC.

William, un des citoyens qui ont porté « *bec et ongles la mesure car elle a failli être abandonnée* », travaille aussi comme urbaniste. Dans son métier se pose souvent la question de « *comment préserver du sol* ». Le jeune homme explique la pertinence de l'objectif, « *à la croisée des questions de logement, d'agriculture et de déplacements. Effectivement, en développant l'habitat périurbain, on grignote sur les terres agricoles et on allonge les distances à parcourir, le plus souvent en voiture.* »

Un chiffre résume à lui seul le problème : dans notre pays, l'équivalent d'un département français est bétonné tous les dix ans ! Des terres sont artificialisées pour accueillir des routes, des parkings, des centres commerciaux, des aires de jeux, des entrepôts et hangars, des zones d'activité ou des lotissements et pavillons. Leur point commun est de se développer majoritairement en périphérie des villes et des agglomérations sur des espaces naturels ou des terres agricoles. Éric Hamelin, urbaniste et sociologue, coauteur du livre *La Tentation du bitume*, explique les problèmes engendrés par l'étalement urbain : « *Cela génère d'importantes émissions de gaz à effet de serre et une surconsommation de carburant. En effet, en raison du manque de services de proximité dû à la faible densité, les habitants des zones urbaines étalées sont contraints de posséder plusieurs véhicules par ménage pour se déplacer, se rendre au travail, faire des courses ou simplement visiter leur entourage.* » Les espaces naturels, grâce aux végétaux, absorbent une partie du CO_2 émis par les activités humaines. De plus, ils participent à la prévention et à l'atténuation des inondations. Après de nombreuses inondations et catastrophes naturelles, la question des terrains constructibles et de l'urbanisation excessive revient sur la table. Or, les terrains naturels empêchent le ruissellement des eaux de pluie ou de crue, réduisant l'ampleur des catastrophes.

Cette expansion urbaine souligne un grand paradoxe : autant la ville compacte et dense présente de nombreux avantages en termes écologiques (moins de transports, des économies d'énergie), autant elle souffre de limites évidentes qui la rendent soit inabordable pour le logement, soit moins désirable. L'essor des villes, s'il ne s'opère pas par une densification des centres, entraîne un étalement urbain. Banlieues, périphéries, résidences secondaires et frénésie de construction s'expliquent aussi par les réticences de certaines métropoles à repenser leur urbanisme ou leur architecture. Le débat récurrent sur la construction de tours d'habitation à Paris en est le reflet : à chaque nouveau projet, certains s'insurgent sur la dénaturation du patrimoine tandis que d'autres avancent la nécessité de résoudre le problème de l'accès au logement et de moderniser l'habitat de la capitale. Le rêve de la maison avec jardin reste un idéal de vie répandu. Le confinement a renforcé cette conviction. Toutes les villes ne font pas face aux mêmes défis. Certaines souffrent aussi de voir les commerces déserter leur centre-ville au profit des zones commerciales périurbaines composées de grands parkings et de hangars, surnommées par certains « la France moche ». Mais, comme le souligne Éric Hamelin, « *chacun doit prendre conscience des conséquences et des méfaits de l'étalement urbain, ainsi que sa part de responsabilité, qu'il soit habitant du centre-ville ou banlieusard. Car les uns comme les autres sont bien contents de trouver le parking de l'Ikea situé en banlieue lorsqu'ils s'y rendent faire leurs courses.* »

Pour la CCC, la lutte contre l'artificialisation des sols passe par plusieurs mesures dont une limitation drastique des nouvelles artificialisations, surtout si des alternatives sont possibles, comme le remaniement ou la reconversion de friches, et le fait d'éviter de laisser vacants des espaces déjà existants. Elle plaide pour la promotion de l'habitat collectif et la densification des villes. Elle veut aussi mieux protéger les espaces naturels et agricoles afin de les soustraire aux pressions immobilières. William explique que ces propositions doivent aider « *à construire plus malin. Cela se fera sur le long terme ; on ne peut pas arrêter du jour au lendemain, d'un coup.* » Il aimerait ainsi que la France passe de 30 000 ha de sols artificialisés chaque année actuellement à 15 000 ha en 2030, voire peut-être parvenir à zéro artificialisation en 2050.

L'air du temps voudrait qu'on sorte des grandes villes jugées asphyxiantes et oppressantes, or le retour vers les campagnes risque d'aggraver l'étalement urbain et l'artificialisation des sols. La solution est donc de repenser la ville. L'urbaniste Éric Hamelin estime que, pour y parvenir, l'enjeu est de « *ramener de la campagne en ville, et non de la ville à la campagne. Les urbanistes doivent imaginer de nouvelles formes urbaines, avec des jardins plus compacts, des terrasses et des jardins suspendus. La ville doit retrouver un caractère désirable, ne plus être répulsive, car une grande partie du succès des lotissements de pavillons provient de la croyance, voire de l'utopie, qu'il est possible d'avoir la ville à la campagne et de bénéficier du confort de l'un comme de l'autre.* » William constate que la question mérite un débat de société : « *Le mot "densifier" fait peur. Or il est tout à fait possible de densifier en mettant juste un étage de plus aux bâtiments de certains quartiers. Il faut revoir l'utopie de la maison clôturée distante du lieu de travail. L'Allemagne, les Pays-Bas ou la Scandinavie offrent des modèles dont on peut s'inspirer afin de développer l'habitat collectif.* »

Se nourrir

La France et son agriculture entretiennent des relations complexes, mais indéniablement fortes. Il suffit pour s'en persuader de garder en tête que l'agriculture façonne le paysage français. Sur les 55 millions d'hectares que compte le territoire métropolitain (550 000 km^2), les activités agricoles en occupent plus de la moitié. En tout, un peu plus de 28 millions d'hectares sont aujourd'hui consacrés à des activités agricoles. Mais dans le même temps, avec un intérêt sans cesse renouvelé des Françaises et des Français pour le contenu de leurs assiettes, un attachement aux terroirs, l'envie d'une alimentation de qualité et de proximité font naître de nombreuses attentes de la part de la population envers leurs agriculteurs et agricultrices. Au point que quarante-six propositions ont été faites par les conventionnels dans ce domaine.

C'est pourtant une profession en partie en crise, dont les pratiques sont remises en cause en raison de leurs impacts sur l'environnement et la santé. Longtemps, la priorité a été donnée à la quantité. Il fallait nourrir le pays au sortir de la Seconde Guerre mondiale grâce aux machines et aux produits chimiques, engrais et pesticides en premier lieu. L'agriculture productiviste a vécu, mais a entraîné une diminution nette du nombre d'exploitations et de personnes travaillant dans l'agriculture. Ainsi, on compte désormais moins de 440 000 exploitations en France, contre plus d'un million au début des années 1990. Leur taille moyenne augmente tandis que le bio progresse. Toute l'Europe suit cette dynamique : entre 2005 et 2015, une ferme sur quatre a disparu. Cette Europe où la Politique agricole commune joue un rôle crucial dans la vie économique du secteur, car ses aides orientent la production tout en assurant la subsistance voire la survie de nombreuses exploitations… La situation des agriculteurs est très contrastée, entre ceux qui s'en sortent bien en vendant des produits à forte valeur ajoutée et ceux qui peinent à boucler leurs fins de mois et croulent sous les dettes faute de vendre leurs produits au juste prix.

C'est donc un secteur confronté à de nombreux défis, qui doit en plus relever celui du changement climatique. D'une part, l'agriculture est responsable de 19 % des émissions de gaz à effet de serre de la France, dont une moitié provient de l'élevage. D'autre part, aucune activité ne dépend plus du climat que l'agriculture. Les agriculteurs sont exposés en première ligne aux vagues de chaleur, au manque d'eau, à la plus grande vulnérabilité des sols, à des récoltes plus précoces. Par exemple, en Champagne, les vendanges démarrent deux semaines plus tôt qu'il y a vingt ans.

Presque un tiers des propositions de la Convention émane du groupe « Se nourrir ». Toutes visent à changer la manière dont la production et la consommation de nourriture affectent le climat. L'éventail des mesures est très varié : de la Politique agricole commune de l'Europe à la formation des professionnels du secteur ou la restauration collective, en passant par la réduction du recours aux pesticides et le développement de l'agroécologie. La CCC vise une véritable transformation du modèle agricole.

À la cantoche avec moins de bidoche

En 2008 déjà, le président du GIEC, Rajendra Pachauri, prix Nobel de la paix 2007, affirmait que le geste le plus simple et rapide pour lutter contre le réchauffement climatique était de manger moins de viande. Tout le monde ne fait pas le lien, comme le reconnaît Mélanie, une citoyenne tirée au sort et qui, avant de participer à la CCC, ne liait pas viande et climat : « *Je pensais qu'il fallait manger moins de viande surtout par rapport à la santé et à la maltraitance animale.* » L'élevage, avec le méthane rejeté par les bêtes, la destruction des écosystèmes naturels – notamment la déforestation en Amazonie – pour développer des pâturages ou cultiver du soja pour nourrir les animaux d'élevage, est responsable de 14,5 % des émissions mondiales de gaz à effet de serre.

Depuis, l'idée progresse. De plus en plus de personnes s'efforcent de réduire leur consommation de produits carnés. Néanmoins, un Français consomme en moyenne 85 kg de viande (bœuf, poulet, porc…) par an.

Ces dernières années, la consommation de viande de bœuf décroît au profit de la viande blanche – qui a une empreinte carbone moindre. Un kilo de bœuf rejette l'équivalent d'une trentaine de kilos de gaz à effet de serre, tandis qu'un kilo de poulet émet une demi-douzaine de kilos de gaz à effet de serre.

Être végétarien est un choix individuel, toutefois rien n'empêche de proposer des alternatives à la viande et des repas sans produits carnés. L'idée étant de manger de la viande de meilleure qualité. Des initiatives comme le lundi sans viande (le *Meatless Monday*) se répandent un peu partout. La CCC va dans ce sens en demandant à toute la restauration collective de proposer chaque jour à partir de 2022 un choix végétarien pour chaque repas. Une idée dans la continuité de ce qu'expérimente déjà la loi EGalim, avec un repas végétarien hebdomadaire. « *La restauration collective sert des milliards de repas chaque année, c'est un formidable levier d'éducation et d'action pour aller vers une alimentation moins carnée, bio et locale* », explique Mélanie. La mesure fait désormais partie des classiques de la lutte contre le réchauffement, et un sondage commandé par le Réseau Action Climat montre qu'elle obtient le soutien de 60 % des sondés. Et Mélanie de conclure : « *Les gens sont plus réceptifs à cette mesure dès qu'on leur explique pourquoi. Aujourd'hui, il faut renseigner sur comment remplacer un steak.* » En servant des repas végétariens autrement qu'à partir de pâtes, la restauration collective peut en faire la démonstration par l'exemple. Suite à la Convention, Mélanie a décidé de réduire encore sa consommation de viande : « *Les lentilles peuvent tout à fait remplacer les protéines animales.* »

Des circuits courts soutenus par les collectivités

Grâce à la mondialisation, aux serres et à la réfrigération, il n'est plus impossible de trouver des produits frais hors saison. Fraises en hiver, avocats d'Amérique latine, haricots verts ou fleurs du Kenya, tomates du bassin méditerranéen ou kiwis venus de Nouvelle-Zélande toute l'année. Les plats préparés industriellement sont composés d'ingrédients provenant des quatre coins du monde. On parle alors de kilomètres alimentaires pour évaluer la distance entre lieu de production d'un produit et sa consommation. Ce n'est pourtant pas comme si la France, avec sa diversité de climats et de paysages agricoles, n'offrait pas un choix important en matière d'alimentation… Dans notre pays, le tiers des transports de marchandises, dont la majorité se fait par la route, en camion, concerne les produits alimentaires et agroalimentaires.

La plupart des grandes métropoles ne disposent que de quelques jours d'autonomie alimentaire. La relocalisation de l'alimentation devient un enjeu stratégique et fait l'objet d'une littérature fournie en faveur de l'autonomie, voire de l'autosuffisance alimentaire.

En effet, en dépendant moins du pétrole et des approvisionnements longue distance, on favorise la résilience et l'autonomie alimentaire, soit notre capacité à produire localement notre alimentation sans dépendre à outrance des machines mues par le pétrole. Cette dépendance au pétrole dépasse le seul transport des denrées, puisque le système agricole conventionnel productiviste repose sur les machines et la pétrochimie. La crise sanitaire a favorisé l'essor de ces circuits de proximité. Ils répondent à de nombreux enjeux climatiques, dont celui de réduire le transport des denrées alimentaires et donc la consommation d'énergie. Ils créent de l'activité et des garanties sur la qualité des produits. Bien sûr, réduire la distance parcourue par les produits n'a de sens que si ceux-ci sont de saison et élaborés dans des conditions écologiquement acceptables. Manger des fraises qui poussent sous serre en hiver, même si elles viennent d'à côté, mérite d'être questionné.

« *Le circuit court est une manière de défendre et de valoriser les produits locaux, durables et à faible coût environnemental*, explique Kisito Ondongo-Ndinga, un des 150, conducteur de ligne dans la région de Blois. *Notre objectif est de rendre accessible à tous les consommateurs une alimentation saine et durable en jouant sur le levier de la commande publique.* » La CCC propose donc de créer un guide d'achat pour aider les personnes en charge des commandes publiques à s'approvisionner au plus près.

Les commandes de collectivités sont un bon moyen de garantir aux agriculteurs des débouchés et de les inciter à produire pour vendre près de chez eux. En 2010, un producteur sur cinq vendait en circuit court. « *On espère convaincre et embarquer tout le monde dans cette aventure* », déclare Kisito. Petit à petit, le mouvement séduit et prend de l'ampleur. Des villes pionnières comme Mouans-Sartoux (9 700 habitants), Ungersheim (2 200 habitants) ou encore Langouet (600 habitants) s'y sont déjà mises, et certaines agglomérations plus grandes, comme Albi ou Rennes, ambitionnent d'y parvenir.

L'un des plus ardents défenseurs de la permaculture en France, Charles Hervé-Gruyer, souligne la portée d'une telle mesure : « *Il a été observé que les commandes publiques jouent un rôle de catalyseur pour l'installation et le développement de nouvelles fermes biologiques. Même si les achats de produits bio par les particuliers augmentent rapidement, il est indispensable que les pouvoirs publics s'engagent de manière importante et envoient des signaux forts aux agriculteurs comme à la société.* » Il admet volontiers que ce n'est pas facile à faire : « *Les freins sont de plusieurs ordres : mise en relation avec les décideurs, réticences d'une partie du personnel de restauration à changer ses habitudes, suivi administratif des commandes, capacité à fournir des volumes suffisamment importants, saisonnalité…* »

L'agroécologie, l'agriculture de demain

Les ambitions de la CCC en matière d'agriculture impliquent d'accompagner une révolution et une transition déjà en cours : sortir de l'agriculture conventionnelle pour aller vers plus d'agroécologie. Et ça tombe bien, car ces mesures sont parmi les plus efficaces pour réduire l'empreinte carbone de la France. L'agroécologie se définit par opposition aux pratiques agricoles intensives apparues au XXe siècle, basées sur les engrais, les pesticides et le pétrole.

Elle est née du constat des dérives du modèle conventionnel d'agriculture productiviste qui privilégie la quantité sur la qualité, avec une faible préoccupation pour l'environnement, et ses conséquences néfastes (pollutions, perte de la biodiversité, érosion des sols, homogénéité des agrosystèmes). Il existe plusieurs définitions de cette pratique, mais globalement l'agroécologie consiste à respecter la biodiversité et à la prendre en compte dans la manière de cultiver. Suppression des produits phytosanitaires et des engrais azotés, remise en cause de la monoculture à grande échelle, arboriculture, moins de labour, retour et préservation de la biodiversité, restauration des haies, fin de la monoculture constituent autant d'éléments caractéristiques de l'agroécologie. En France, Pierre Rabhi, Charles Hervé-Gruyer ou encore Maxime de Rostolan et l'association Fermes d'Avenir figurent parmi les défenseurs les plus connus qui plaident pour une réforme en profondeur du modèle agricole et s'efforcent d'en faire la démonstration au quotidien dans leurs exploitations. Surtout, ce modèle séduit et convainc de plus en plus. Il répond aux enjeux du monde de demain puisque l'agroécologie peut, à condition de revoir nos régimes alimentaires pour diminuer la part de protéines animales et réduire le gaspillage, nourrir le monde et ses 9 milliards d'habitants en 2050.

Concrètement, la CCC propose que la France compte 50 % d'exploitations en agroécologie en 2040. Soit un long travail de conversion des pratiques. Mais pour réconcilier agriculture et nature, que ce soit par l'agroécologie ou le bio, il reste du chemin à parcourir : aux pratiques agricoles de s'adapter et respecter les écosystèmes, et non plus l'inverse. La CCC veut aussi poursuivre le développement de la conversion des exploitations en bio. Actuellement, seulement 8,5 % de la surface agricole française est en bio, soit 2,3 millions d'hectares. Les citoyens demandent donc des engagements de l'État dans ce sens, au travers de la conversion des lycées agricoles et la possibilité de préciser dans les baux ruraux la manière d'exploiter les sols. Ces efforts passeront aussi par un renouvellement de la formation dispensée aux agriculteurs.

Charles Hervé-Gruyer affirme que cet objectif est « *faisable et absolument indispensable ! Il en va de la survie de la biosphère et de la stabilisation du climat. L'agroécologie offre des réponses à l'érosion des sols, à la perte de la biodiversité, à la préservation des ressources en eau, à la séquestration de carbone… Et puis il importe d'inventer, dès aujourd'hui, une agriculture post-pétrole, l'agriculture du monde de demain, car les énergies fossiles vont inexorablement devenir de plus en plus rares et chères au cours du siècle.* » Cela passerait par « *un véritable plan Marshall de l'agriculture pour adapter le monde agricole aux exigences sociales et écologiques du monde contemporain. Ceci passe par des efforts et un engagement sans faille à tous les niveaux : recherche scientifique, formation des agriculteurs, soutien aux filières vertueuses, révision en profondeur de la PAC, éducation des consommateurs…* »

La CCC s'attaque à l'épineuse question des pesticides en visant l'interdiction des plus dangereux en 2035 et une diminution par deux de leur usage. « *Les pesticides ne sont directement responsables que d'une très faible partie des émissions de gaz à effet de serre* », expliquent toutefois les citoyens qui pointent du doigt leurs effets sur la biodiversité. Ils estiment que les pesticides perturbent trop les écosystèmes en atténuant leur fonction de captation du carbone et que sortir des pesticides doit se faire en intégrant une réflexion sur la place de la monoculture. Cette dernière est souvent associée à un usage conséquent de pesticides. De plus, la CCC propose de taxer plus fortement (au travers de la Taxe Générale sur les Activités

Polluantes, ou TGAP) les engrais azotés responsables d'importantes pollutions. Pesticides et engrais azotés s'avèrent peu compatibles avec l'agroécologie.

Autre aspect important de ce cortège de mesures : le développement des protéines végétales, la culture des légumineuses afin que la France ne dépende plus de l'étranger pour sa filière d'élevage, tout en réduisant l'impact climatique de celle-ci. Marie-Sarah Carcassonne, chargée de projets transition agroécologique et alimentaire à la Fondation GoodPlanet, indique les enjeux : « *En 2018, la France a importé environ 2,8 millions de tonnes de tourteaux de soja, principalement en provenance du Brésil. En plus d'assurer notre autonomie protéique, de favoriser une meilleure alimentation pour les animaux et donc d'augmenter le bien-être animal, cultiver davantage de légumineuses est aussi très positif pour l'environnement. Les légumineuses sont des engrais verts, elles fixent l'azote dans le sol, ce qui fertilise naturellement les sols, et permet ainsi de réduire l'utilisation d'engrais chimique… donc d'alléger la consommation d'énergie fossile et notre bilan carbone.* » L'élevage compte en effet pour la moitié des rejets de GES de l'agriculture. Augmenter la part des protéines végétales permet d'une part d'offrir une alternative à la consommation de protéines animales, et d'autre part de diversifier les cultures. La CCC veut accompagner l'élevage français dans sa transition vers un modèle agroécologique plus durable. Objectif : faire en sorte que le cheptel français se tourne vers une production de viande de qualité. Quitte à en manger moins, autant qu'elle soit meilleure.

Réduire les émissions de gaz à effet de serre n'a de sens que si on ne les délocalise pas

L'impact climatique de la France se mesure au-delà de son seul territoire. Notre pays est pris dans un filet complexe de relations économiques avec ses partenaires européens et le reste du monde. Nous exportons et importons. Ces échanges ont des répercussions sur l'agriculture et le climat. Il y a d'une part l'Union européenne et sa PAC, et d'autre part les accords commerciaux signés par l'Union. La CCC propose d'engager une réflexion à leur sujet.

La CCC propose que la France œuvre afin de verdir la PAC. « *Nous avons identifié que la PAC était le levier le plus puissant pour agir sur la transformation du système agricole vers des pratiques moins émettrices de gaz à effet de serre.* » En effet, cette dernière représente 40 % du budget de l'Union, dont c'est le premier poste budgétaire. La France en est le premier bénéficiaire. Le budget de la PAC est de 387 milliards d'euros pour les sept années à venir. Ces sommes font l'objet de critiques depuis des années, car ces aides sont accordées à l'hectare – ce qui incite à l'agrandissement des parcelles et des fermes – sans prendre en compte l'environnement. La

CCC demande à ce que la PAC intègre de plus en plus de critères environnementaux comme la préservation du climat et de la biodiversité.

Ensuite, il y a les accords de commerce signés par l'Europe et la France. Et le commerce international n'a rien d'anodin. En France, 55 % des émissions de gaz à effet de serre sont dites importées, c'est-à-dire que plus de la moitié des gaz à effet de notre consommation proviennent de biens produits à l'étranger. Importer un produit signifie délocaliser une partie de notre pollution. Mathilde Dupré, codirectrice de l'Institut Veblen, auteure de l'ouvrage *Après le libre-échange, quel commerce international face aux défis écologiques* (Éditions Les Petits Matins, septembre 2020) *avec* Samuel Leré, responsable plaidoyer de la Fondation Nicolas Hulot pour la Nature et l'Homme, explique : *« Il y a l'impact du transport de marchandises sur le climat, la délocalisation de la pollution dans des pays moins regardants sur les normes de pollution. »* Tous deux sont intervenus auprès des membres de la CCC dont ils saluent les propositions en matière de commerce. Samuel Leré estime que *« les citoyens font le bon diagnostic. Ils demandent un moratoire sur les accords de commerce et de repenser la politique commerciale »*.

« Nous étions choqués de constater que des choses interdites en Europe sont autorisées à l'importation. Cela veut dire que le problème est déplacé : on réduit nos émissions en France

et en Europe, mais si on regarde dans le monde, notre empreinte carbone reste inchangée », explique Mélanie, une conventionnelle.

Ces accords sont critiqués car ils ne prennent pas en compte l'environnement. Les mesures de préservation de l'environnement sont souvent perçues par les défenseurs du libre-échange comme du protectionnisme déguisé. Samuel Leré explique que « *des travaux récents montrent que l'accord commercial entre l'UE et le Mercosur entraînerait une accélération de la déforestation de 25 %. De telles données doivent servir d'électrochoc pour appeler à revoir les politiques commerciales. On ne pourra pas achever la transition écologique ni lutter contre les inégalités si on ne régule pas la mondialisation.* »

Au moment de rédiger ces lignes, le CETA (accord entre l'UE et le Canada) n'a toujours pas été ratifié, c'est une des demandes de la CCC, tandis que le Mercosur (accord entre l'UE et l'Amérique latine) doit être revu. Les membres de la CCC aimeraient que la France et l'Union européenne demandent à l'OMC (Organisation mondiale du commerce) de « *prendre en considération l'Accord de Paris dans les négociations commerciales,* [avec la] *mise en place de sanctions pour les États récalcitrants,* [et d'] *inclure les clauses environnementales dans les négociations* ».

Instituer un crime d'écocide passible de vingt ans de réclusion et 10 millions d'euros d'amende

En 2019, le président de la République Emmanuel Macron déclare à propos des feux de forêts incontrôlables d'origine humaine : « *Un écocide est en train de se développer à travers l'Amazonie, et pas seulement au Brésil.* » Écocide sonne comme un mot nouveau, pourtant il remonte aux années 1970 et à la destruction par l'armée américaine de la jungle au Vietnam avec un défoliant connu sous le nom d'« agent orange », un polluant organique persistant. La question s'est alors posée de savoir si la destruction sciemment voulue de l'environnement était un crime. À la base, le terme désignait même la destruction volontaire de l'environnement en temps de guerre. Le but était alors de faire reconnaître l'écocide comme un crime de guerre. Aujourd'hui, la notion s'étend aux destructions de l'environnement en temps de paix.

Pour Guy, l'écocide est une découverte récente. Cet électricien à la retraite l'a un peu découvert en effectuant des recherches sur Internet au moment de se préparer à travailler aux propositions formulées par le groupe « Se nourrir ». Il se rend à une des premières séances de travail de son groupe où personne n'a jamais entendu parler d'écocide, puis à un moment, une autre conventionnelle, Alexia, venue de Guadeloupe, fait le lien avec ce qu'elle connaît. Elle rapproche l'écocide de l'utilisation de chlordécone aux Antilles. Ce pesticide employé dans les bananeraies pollue les sols et provoque des cancers. Guy précise : « *Nous avons retenu le mot et la proposition car le terme a fait écho dans le groupe, même si cela ne réduit pas immédiatement les gaz à effet de serre.* »

En effet, la proposition, comme d'autres, dépasse du cadre stricto sensu de l'ambition de réduire les émissions de gaz à effet de serre. La CCC le reconnaît elle-même : « *Arrêter la dégradation des écosystèmes ne constitue pas une contribution directe à la réduction des émissions de GES des différents secteurs d'émission, à l'inverse ne pas l'arrêter pourrait dégrader le bilan global des émissions sur le territoire français et dans le monde.* »

Valérie Cabanes, juriste spécialisée dans les droits humains, travaille depuis près d'une décennie sur le crime d'écocide. En 2013, avec des ONG, elle lance une initiative citoyenne européenne afin de faire entrer le crime d'écocide dans le droit européen. La jeune femme est également intervenue auprès de la CCC sur ce sujet. « *Mettre en place le crime d'écocide changerait deux choses.* » Tout d'abord, au niveau de la gouvernance des entreprises, « *cela instaurerait un principe dissuasif fort pour empêcher tout projet ou toute catastrophe qui dépasserait les limites planétaires et donc mettrait en danger la sûreté globale du vivant et de la planète. Avec ce cadre juridique plus fort, l'idée est de discipliner les industriels en faisant porter une responsabilité pénale sur les dirigeants. L'ambition n'est pas d'envoyer des gens en prison, mais de mettre des panneaux stop afin que les industriels sachent ce qu'ils peuvent ou ne peuvent pas faire.* » Puis, surtout, cela changerait le droit « *en reconnaissant de manière implicite les écosystèmes les plus importants comme des sujets de droit. Droit à exister, droit à se régénérer. Ainsi les écosystèmes pourront faire valoir leur valeur intrinsèque. À l'heure actuelle, notre droit est très anthropocentré, il ne reconnaît pas le non-humain comme essentiel à la vie et se montre incapable de reconnaître le lien d'interdépendance avec le reste du vivant, ni les droits des générations futures.* »

Comment traduire dans la loi le crime d'écocide ? Par deux fois déjà, des propositions de loi ont été déposées en 2019, et l'Assemblée les a rejetées. Concrètement, la Convention s'inspire et reprend des propositions déjà formulées, notamment par l'ONG Notre Affaire à tous, en demandant la création d'un crime d'écocide passible de 10 millions d'euros d'amende et de vingt ans de prison. Les citoyens ont choisi de se baser sur les limites planétaires pour définir l'écocide.

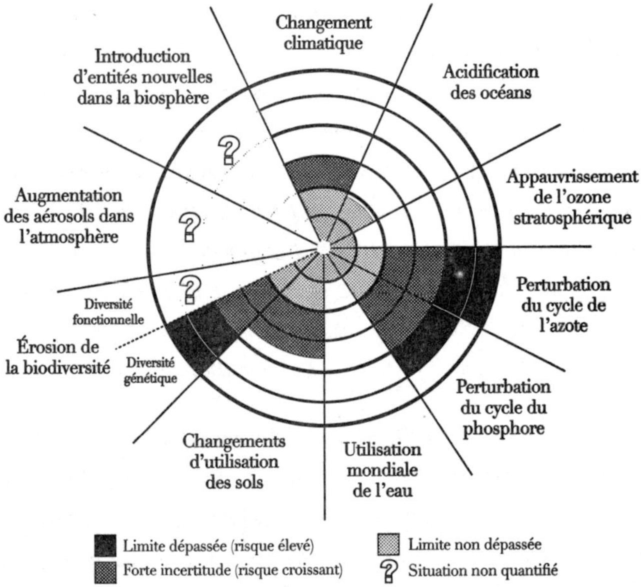

Source : l'environnement en France, rapport sur l'état de l'environnement, ministère de la Transition écologique.

Au nombre de neuf (cf. infographie), ces limites sont des indicateurs de seuils écologiques à ne pas dépasser sous peine de compromettre la pérennité de la vie humaine sur Terre, comme le réchauffement du climat, l'érosion de la biodiversité ou encore l'accès à l'eau douce. Les membres de la Convention et le comité légistique proposent donc de créer une Haute Autorité chargée de veiller au respect des limites planétaires et d'écrire dans la loi : « *Constitue un crime d'écocide toute action ayant causé un dommage écologique grave consistant en un dépassement manifeste et non négligeable d'au moins une des limites planétaires et dont l'auteur savait ou aurait dû savoir qu'il existait une haute probabilité de ce dépassement. Le crime d'écocide est puni de vingt ans de réclusion criminelle et d'une amende de 10 millions d'euros dont le montant peut être porté, de manière proportionnée aux avantages tirés du manquement, à 20 % du dernier chiffre d'affaires connu à la date de la commission des faits.* »

Enfin, la CCC voulait qu'une telle loi soit soumise à référendum. Cette idée a su convaincre la quasi-unanimité des 150. Un succès que Guy ne s'explique pas « *car la notion est assez technique. Mais les citoyens ont tous compris que nous détruisons aujourd'hui ce qui sera l'environnement de nos enfants.* » Au moment de rédiger ces lignes, la question reste en suspens car le gouvernement ne semble pas vouloir avancer sur ce dossier. Guy précise : « *On a demandé au Président de soumettre cette proposition à référendum, mais le Président n'a pas répondu là-dessus.* » Néanmoins, Emmanuel Macron a déclaré en juin 2020 son soutien à la reconnaissance du crime d'écocide en passant par le droit international : « *Je partage donc pleinement l'ambition que vous défendez.* [...] *La mère des batailles sur ce point est d'abord internationale. Il faut faire en sorte d'inscrire ce terme dans le droit international pour que les dirigeants qui sont chargés par leurs peuples de protéger le patrimoine naturel et qui faillissent délibérément rendent compte de leurs méfaits devant la Cour pénale internationale.* »

Finalement, le dossier de l'écocide progresse. Un peu par surprise, dimanche 23 novembre 2020, le ministre de la Justice Éric Dupond-Moretti et la ministre de la Transition écologique Barbara Pompili ont annoncé, dans une interview au *Journal du dimanche*, la création d'un « délit d'écocide » qui sera traduit dans la loi par un délit de pollution et un délit de mise en danger de l'environnement. Si cela renforce la législation existante, c'est un premier pas moins ambitieux que ce qu'escomptait la Convention.

Constitution
Intégrer plus d'écologie dans nos lois fondamentales

Enfin, la Convention propose, en plus de toutes les mesures liées au quotidien des Françaises et des Français, de changer les choses au niveau de l'organisation de l'État et du fonctionnement de nos institutions en intégrant l'écologie dans nos lois fondamentales. La Constitution de la Ve République date de 1958, une époque à laquelle l'écologie n'était pas encore une préoccupation forte. Ce texte définit et encadre ce qu'il est possible de faire ou non en termes de législation ordinaire dans le respect des libertés, droits et devoirs édictés dans ce texte. Il organise la vie publique et la démocratie ainsi que le fonctionnement des institutions et au final l'équilibre des pouvoirs.

Les conventionnels ont donc émis le souhait d'inscrire dans le préambule de la Constitution et dans son article 1er deux références à la préservation de l'environnement. Cela viendrait compléter la Charte de l'Environnement intégrée depuis 2005 à la Constitution de la Ve République. Ainsi, la CCC demande à ce que dans le préambule soit inscrit : « *La conciliation des droits, libertés et principes qui en résultent ne saurait compromettre la préservation de l'environnement, patrimoine commun de l'humanité.* » Et aussi dans l'article 1er : « *La République garantit la préservation de la biodiversité, de l'environnement et lutte contre le dérèglement climatique.* » Chacun de ces deux ajouts implique une réforme de la Constitution, une procédure assez longue, qui peut se faire de deux manières : soit par le vote du Parlement réuni en Congrès, soit par référendum. C'est cette dernière voie que les conventionnels voudraient privilégier afin d'assurer plus de démocratie et de faire émerger un débat sur la place de la lutte contre le réchauffement climatique dans notre projet de société. Grégoire Fraty, un des citoyens tirés au sort pour la Convention, explique que la démarche n'est pas que symbolique : « *L'article 1er de la Constitution rappelle les grandes valeurs de la République. Modifier l'article 1er en intégrant l'environnement, la biodiversité et le climat renforcerait l'existant, à savoir la Charte de l'Environnement qui a déjà une valeur constitutionnelle. Elle est pourtant mal connue et peine à s'imposer juridiquement. Enfin, en choisissant le terme "garantir" dans l'article 1er, nous voulons contraindre l'État à agir.* »

« *L'inscription dans l'article 1er de la Constitution de la lutte contre le dérèglement climatique impliquerait que le droit de l'environnement pourrait être invoqué comme un droit de l'Homme dans le cadre de la Question Prioritaire de Constitutionnalité (QPC). C'est une procédure qui permet de contester la constitutionnalité d'une loi déjà en application car elle viole les droits garantis par la Constitution* », précise le constitutionnaliste Gilles Toulemonde, interrogé par *GoodPlanet Mag'* juste après la remise des propositions de la CCC au président de la République.

Lorsque la Convention a remis son rapport en juin 2020, Emmanuel Macron a fermé la porte à une réforme du préambule au motif de ne pas placer un droit de la nature au-dessus des autres droits, dont les droits humains, et libertés : « *Vous proposez ainsi de réécrire le préambule de la Constitution en plaçant l'environnement au-dessus de nos valeurs fondamentales. Je suis garant des Institutions et mon rôle est de veiller à tout ce qui fonde l'équilibre des pouvoirs et les valeurs de la République. Or, telle que proposée, la rédaction du préambule menace de placer la protection de l'environnement au-dessus de nos libertés publiques, au-dessus même de nos règles démocratiques.* »

En revanche, et dans le même temps, le Président s'est montré favorable à une modification de l'article 1er.

Il a ajouté qu'il voulait engager au plus tôt la procédure au Parlement. Il s'est même dit prêt à recourir au référendum si le Sénat et l'Assemblée le permettaient, et espère voir le processus aboutir fin 2021.

De plus, le Président a exprimé en juin 2020 le souhait de soumettre à référendum certaines mesures de la Convention. Mi-novembre 2020, aucune avancée n'a été faite dans ce sens, que ce soit pour modifier la Constitution ou demander aux Françaises et Français de s'exprimer sur telle ou telle mesure de la CCC. Cela s'explique par un calendrier bouleversé par la seconde vague de la pandémie, le fait que le gouvernement ne dispose pas d'une majorité favorable au Sénat, le risque aussi de voir un tel référendum se retourner contre son instigateur, et un calendrier trop proche de l'élection présidentielle de 2022. Autant d'éléments qui rendent le devenir des référendums incertains. Grégoire Fraty le déplore, car cela nuit au débat démocratique sur les questions climatiques : « *Le fait de demander par référendum un dimanche à 40 millions d'électeurs s'ils sont prêts à inclure dans les valeurs de la République l'environnement, la biodiversité et le climat conduirait tout le monde à se saisir du sujet, à se positionner. Une campagne référendaire de six mois ferait qu'on se poserait les bonnes questions en parlant de climat.* »

Et pour parachever ces transformations, la CCC voudrait renforcer le contrôle de l'application des mesures en faveur de l'environnement, avec notamment la création d'un « Défenseur de l'Environnement » sur le modèle du Défenseur des Droits. Il jouerait un rôle de garant, de contrôleur du respect des mesures et de lanceur d'alerte. Forte de son expérience démocratique novatrice, la CCC propose de réformer le Cese en le renommant « Chambre de la Participation Citoyenne ». Celle-ci fonctionnerait avec des citoyens tirés au sort et organiserait d'autres thématiques de conventions citoyennes sur le modèle de ce qui a été fait sur le climat, la CCC ayant prouvé son sérieux et la capacité des personnes tirées au sort à s'approprier les sujets.

Conclusion

Cap sur 2030, une décennie pour changer nos modes de vie et le monde

Tout ou presque se joue maintenant. Peu à peu, les institutions et l'opinion prennent conscience de la course contre la montre qui s'est engagée. Le Conseil d'État a rendu une décision historique le 19 novembre 2020 : il considère que les objectifs de réduction de gaz à effet de serre inscrits dans la loi sont désormais contraignants. Autrement dit, ce qui est écrit dans la loi doit se retrouver dans les faits : l'État doit maintenant rendre des comptes. Dans les trois mois suivant cette décision, il devra apporter la preuve des actions qu'il a engagées en faveur du climat.

Si jamais les politiques de lutte contre le réchauffement déjà mises en place par les gouvernements successifs étaient insuffisantes pour atteindre l'objectif de diminuer de 40 % les émissions de GES d'ici 2030, la CCC fournit une feuille de route très complète, bien plus ambitieuse que tout ce qui a été proposé par les élus jusqu'ici. Reste à la transposer, et c'est une étape délicate que de passer de l'idée à sa réalisation, de se confronter au réel.

Convention Citoyenne ou non, le climat nous donne rendez-vous en 2030. Car si à cette date nous ne sommes pas parvenus à réduire nos émissions de gaz à effet de serre, il ne sera définitivement plus possible de limiter le réchauffement climatique à 2 °C d'ici la fin du siècle. Dorénavant, une seule question se pose : que sommes-nous prêts à faire pour réduire ces émissions ? Diminuer notre empreinte carbone est un choix individuel autant que collectif.

C'est bien pour défendre cette ambition et s'assurer que la Convention ne devienne pas une énième commission Théodule ayant pondu un rapport qui termine oublié dans un tiroir que, depuis l'été 2020, les 150 s'organisent. Ils ont rappelé à plusieurs reprises à Emmanuel Macron sa promesse de présenter leur rapport « sans filtre » au Parlement et d'en soutenir toutes les mesures. Ils ont pris part à de nombreuses réunions afin de défendre leurs idées dans les ministères concernés. Le 12 octobre 2020, inquiets de ne pas voir une grande partie de leurs propositions reprises et se concrétiser, ils ont écrit au Président. « *Nous avons le sentiment de manquer d'un soutien clair et défini de la part de l'exécutif dont les prises de position nous apparaissent parfois contradictoires. En effet, dans une période où des communications ouvertement hostiles à nos propositions sont formulées par certains acteurs professionnels, des déclarations ministérielles discordantes sur les sujets de l'aérien, de la publicité, du déploiement de la 5G, de la baisse de la TVA relative au transport ferroviaire, ou d'autres, viennent renforcer le trouble et obscurcir la parole présidentielle.* »

Les 150 font le dur apprentissage de la politique avec pour seule légitimité celle du hasard qui a fait d'eux des représentants de l'intérêt général. En démocratie et dans un État de droit, chacun est libre de demander aux responsables politiques de rendre des comptes sur son engagement et ses actions. Les conventionnels concluent : « *Par le présent courrier, nous souhaitons ainsi vous affirmer notre détermination et notre volonté de porter nos travaux jusque dans les plus petites communes de France dont certains d'entre nous sont élus, jusque dans la législation nationale via notamment le projet de loi en discussion, ou plus tard, lors du référendum sur la Constitution, voire jusque dans les institutions européennes que nous avons d'ores et déjà interpellées.* »

Nos démocraties, on le sait, souffrent de limites qui freinent le changement et la prise de décision : poids des intérêts privés et des lobbies, poids de la technocratie, poids des enjeux économiques ou encore pression électorale. Conscients que les autorités peinent à penser le temps long, piégées dans la frénésie d'apporter des réponses immédiates, les 150 et ceux qui soutiennent la démarche ont décidé d'en appeler à la mobilisation populaire. En effet, sans légitimité électorale ou institutionnelle, il reste la légitimité démocratique et populaire aux 150. « *Sauvons la Convention Citoyenne pour le Climat* », tel est le mot d'ordre sans ambiguïté d'une pétition lancée en ligne mi-novembre 2020 par Cyril Dion, le plus médiatique des garants. Concise, elle rappelle que « *la crise climatique qui nous attend sera infiniment pire que celle que nous traversons avec la Covid-19. Elle pourrait tout simplement rendre notre planète inhabitable.* [...] *Selon une étude Harris, nous sommes neuf Français sur dix à penser qu'il est urgent d'agir face au changement climatique. Même le Haut Conseil pour le Climat, mis en place par Emmanuel Macron, estime que "les actions climatiques ne sont pas à la hauteur des enjeux ni de ses objectifs."* » Une fois de plus, la pétition rappelle Emmanuel Macron à ses promesses. En quelques jours, et au moment de rendre le manuscrit de ce livre, elle dépasse les 350 000 signataires. N'oublions pas que la cause climatique a déjà été fortement soutenue par l'opinion publique française. En 2018, une pétition appelée L'Affaire du Siècle a ainsi récolté plus de 2,3 millions de signatures, un record ! Par son biais, quatre ONG – Notre Affaire à tous, la

Fondation Nicolas Hulot pour la Nature et l'Homme, Greenpeace France et Oxfam France – demandaient à ce que l'État « *respecte ses engagements climatiques et protège nos vies, nos territoires et nos droits* ». Forts de ce précédent, il est possible d'entrevoir des signaux positifs pour le devenir du projet porté par la CCC.

Il est également possible de croire au renouveau de la démocratie. Le rapport final remis au Président et à tous les Français est la preuve que des citoyens ordinaires sont capables de s'intéresser, de comprendre et de maîtriser des sujets techniques, pour peu qu'on leur en donne le temps et qu'on leur expose les données scientifiques et économiques relatives au problème. Session après session, ils ont ressuscité la notion d'« intérêt général », si souvent malmenée dans le monde politique par les échéances électorales et les conflits d'intérêts.

Si les élections permettent de désigner des représentants, s'il est possible de s'exprimer lors de référendums – deux outils indispensables de la vie démocratique –, force est de constater qu'ils ne suffisent plus à répondre à toutes les aspirations citoyennes ni aux enjeux contemporains. Année après année, la participation aux scrutins diminue et le système politique est perçu comme inefficace et distant par une partie de la population. L'expérience de la CCC, a contrario, l'a rendu efficient et vivant. C'est précisément parce qu'ils ont réussi que les membres de la CCC appellent de leurs vœux la création d'autres conventions sur d'autres thématiques, elles aussi recourant au tirage au sort pour désigner leurs membres.

S'informer, savoir débattre, se nourrir des idées des autres, s'affranchir des luttes partisanes, créer du consensus, prendre en compte les oubliés du système et miser sur l'intelligence... Tout cela demande à la fois du temps et de l'audace. Mais à une époque où, comme espèce humaine et peuple, nous sommes embarqués sur un même navire à la dérive, la coopération semble être le meilleur moyen de se donner toutes les chances de réussir à relever des défis civilisationnels. Quel monde voulons-nous pour demain ? Ce monde d'après peut-il se faire sur les mêmes bases que celles qui conduisent le monde actuel dans une impasse ? Un questionnement salvateur en ces temps où la Covid-19 comme la crise climatique font naître cette horrible impression de subir les événements là où de bonnes décisions collectives pourraient changer la donne.

Nous caressons l'espoir que la CCC fasse date dans l'histoire de notre pays, à la fois comme une avancée écologique et comme une avancée démocratique. À l'image d'autres grandes lois qui ont fait progresser la société française : lois Ferry sur l'école, loi de 1901 sur les associations, loi de 1905 sur la séparation de l'Église et de l'État et sur la laïcité, lois de 1944 pour donner le droit de vote aux femmes. Puisse cette Convention engendrer le renouvellement de notre démocratie et donner enfin sa juste place à l'écologie, au cœur de nos futurs projets de société.

Annexe

Les propositions de la CCC

L'ensemble des propositions de la Convention Citoyenne pour le Climat que nous vous invitons à retrouver sont détaillées sur le site de la CCC (www.conventioncitoyennepourleclimat.fr).

Sachez que plusieurs sites Internet proposent de s'informer de leur évolution :

- le site Les 150 #sansfiltre consacré au suivi des 149 mesures de la Convention Citoyenne pour le Climat par l'association Les 150 : https://sansfiltre.les150.fr/

- la page dédiée, Tableau de suivi de la mise en œuvre des propositions de la Convention Citoyenne pour le Climat, sur le site du ministère de la Transition écologique : https://www.ecologie.gouv.fr/tableau-suivi-mise-en-oeuvre-des-propositions-convention-citoyenne-climat

- la page proposée par le Réseau Action Climat qui opère le suivi de la mise en œuvre des 14 marqueurs de la Convention Citoyenne pour le Climat : https://reseauactionclimat.org/suivi-14-marqueurs-convention-citoyenne-climat/

Consommer

Famille A : Affichage

Objectif C1 : Créer une obligation d'affichage de l'impact carbone des produits et services.

PROPOSITION C1.1 : Développer puis mettre en place un score carbone sur tous les produits de consommation et les services.

PROPOSITION C1.2 : Rendre obligatoire l'affichage des émissions de gaz à effet de serre dans les commerces et lieux de consommation ainsi que dans les publicités pour les marques.

Famille B : Publicité

Objectif C2 : Réguler la publicité pour réduire les incitations à la surconsommation.

PROPOSITION C2.1 : Interdire de manière efficace et opérante la publicité des produits les plus émetteurs de GES, sur tous les supports publicitaires.

PROPOSITION C2.2 : Réguler la publicité pour limiter fortement les incitations quotidiennes et non choisies à la consommation.

PROPOSITION C2.3 : Mettre en place des mentions pour inciter à moins consommer.

Famille C : Suremballage

Objectif C3 : Limiter le suremballage et l'utilisation du plastique à usage unique en développant le vrac et les consignes dans les lieux de distribution.

PROPOSITION C3.1 : Mettre en place progressivement une obligation de l'implantation du vrac dans tous les magasins et l'imposition d'un pourcentage aux centrales d'achat.

PROPOSITION C3.2 : Mise en place progressive d'un système de consigne de verre (lavable et réutilisable) jusqu'à une mise en place généralisée en 2025.

PROPOSITION C3.3 : Favoriser le développement des emballages biosourcés compostables pour assurer la transition avant la fin de l'emballage plastique à usage unique.

PROPOSITION C3.4 : Remplacer une part significative de la Taxe d'Enlèvement des Ordures Ménagères (TEOM) par des modalités plus justes et favorisant les comportements écoresponsables.

Famille D : Éducation

Objectif C5 : Faire de l'éducation, de la formation et de la sensibilisation des leviers d'action de la consommation responsable.

PROPOSITION C5.1 : Modifier le code de l'éducation pour une généralisation de l'éducation à l'environnement et au développement durable (EEDD) dans le modèle scolaire français.

PROPOSITION C5.2 : Renforcer les modalités d'éducation à l'environnement et au développement durable en en faisant une mission transversale des enseignants.

PROPOSITION C5.3 : Sensibiliser l'ensemble de la population française en reliant compréhension de l'urgence climatique et passage à l'action.

Famille E : Suivi et contrôle des politiques publiques environnementales

Objectif C6 : Assurer une meilleure application des politiques publiques environnementales et les évaluer pour les rendre plus efficaces.

PROPOSITION C6.1 : Contrôler et sanctionner plus efficacement et rapidement les atteintes aux règles en matière environnementale.

PROPOSITION C6.2 : Renforcer et centraliser l'évaluation et le suivi des politiques publiques en matière environnementale.

Produire et travailler

Famille A : Transformer l'outil de production

Objectif PT1 : Favoriser une production plus responsable, développer les filières de réparation, de recyclage et de gestion des déchets.

PROPOSITION PT1.1 : Conception : augmenter la longévité des produits et réduire la pollution.

PROPOSITION PT 1.2 : Faire respecter la loi sur l'interdiction de l'obsolescence programmée.

PROPOSITION PT1.3 : Rendre obligatoire la possibilité de réparation des produits manufacturés qui sont vendus en France (1), et la disponibilité des pièces détachées d'origine pendant une durée définie (2). Mettre en place et à proximité des filières et ateliers de réparation, et rendre accessibles les services après-vente (3).

PROPOSITION PT1.4 : Rendre obligatoire le recyclage de tous les objets en plastique dès 2023, supprimer tous les plastiques à usage unique dès 2023 et développer le recyclage des autres matières.

PROPOSITION PT1.5 : Durcir et appliquer la réglementation sur la gestion des déchets.

Objectif PT2 : Développer et soutenir l'innovation de la transition.

PROPOSITION PT2.1 : D'ici 2025 tout soutien à l'innovation doit s'inscrire dans une logique de sortie d'un modèle basé sur le carbone.

Objectif PT3 : Organiser et soutenir le financement de la transformation de l'outil de production des entreprises dans le cadre de la transition écologique.

PROPOSITION PT3.1 : Réglementer l'utilisation de l'épargne réglementée gérée par la Caisse des Dépôts et Consignations (CDC) et les banques pour financer des investissements verts. Faire évoluer la gouvernance de la CDC pour soutenir cette logique.

PROPOSITION PT3.2 : Les entreprises qui distribuent plus de 10 millions d'euros de dividendes annuels participeront, chaque année, à l'effort de financement à la hauteur de 4 % et celles dont les dividendes sont inférieurs ou égaux à 10 millions d'euros participeront à hauteur de 2 %.

PROPOSITION PT3.3 : Mettre en place les modalités de financement par loi ou décret avec un emprunt d'État dédié au financement de la transformation des entreprises.

Famille B : Transformer l'emploi et les modalités de travail

Objectif PT4 : Accompagner la reconversion des entreprises et la transformation des métiers au niveau régional.

PROPOSITION PT4.1 : Accompagner les salariés et les entreprises dans la transition.

PROPOSITION PT4.2 : Créer une nouvelle gouvernance de la transition des emplois et compétences au niveau national et régional.

Famille C : Tracer l'impact des émissions, renforcer les obligations relatives aux exigences environnementales et conditionner les financements selon des critères verts

Objectif PT6 : Ajouter un bilan carbone dans le bilan comptable de toutes les structures qui doivent produire un bilan.

PROPOSITION PT6.1 : Annualiser le reporting et l'étendre à toutes les organisations – champ d'émissions au scope 3. Sanction pour non-réalisation en % du chiffre d'affaires.

PROPOSITION PT6.2 : Élargir le périmètre de reporting au secteur financier. Renforcer les obligations de rapportage au secteur de la finance.

PROPOSITION PT6.3 : Bonus pour les entreprises ayant une évolution positive. Conditionner les aides publiques à l'évolution positive du bilan gaz à effet de serre.

Objectif PT7 : Renforcer les clauses environnementales dans les marchés publics.

PROPOSITION PT7.1 : Renforcer les clauses environnementales dans les marchés publics.

Objectif PT8 : Protection des écosystèmes et de la biodiversité.

PROPOSITION PT8.1 : Protection des écosystèmes et de la biodiversité.

Objectifs PT9 et PT10 : Mieux prendre en compte les émissions de gaz à effet de serre liées aux importations dans les politiques européennes.

PROPOSITION PT9.1 : Ajustement carbone aux frontières de l'UE (en fonction de l'empreinte carbone) et prise en compte des enjeux de redistribution pour éviter de peser sur les ménages les moins favorisés.

Famille D : Changer la manière de produire, stocker, redistribuer l'énergie et encourager la sobriété énergétique

Objectif PT11 : Production, stockage et redistribution d'énergie pour et par tous.

PROPOSITION PT11.1 : Amélioration de la gouvernance territoriale/régionale.

PROPOSITION PT11.2 : Participation des citoyens, entreprises locales, associations locales et collectivités locales aux projets énergies renouvelables (EnR).

PROPOSITION PT11.3 : Développement de l'autoconsommation.

Objectif PT12 : Accompagner l'évolution du numérique pour réduire ses impacts environnementaux.

PROPOSITION PT12.1 : Accompagner l'évolution du numérique pour réduire ses impacts environnementaux.

Se déplacer

Famille A : Modifier l'utilisation de la voiture individuelle en sortant de l'usage de la voiture en solo et en proposant des solutions alternatives

Objectif SD-A1 : Développer les autres modes de transport que la voiture individuelle.

PROPOSITION SD-A1.1 : Inciter à utiliser des moyens de transport doux ou partagés, notamment pour les trajets domicile-travail, en généralisant et en améliorant le forfait mobilité durable, prévu par la récente loi d'orientation des mobilités.

PROPOSITION SD-A1.2 : Réduire les incitations à l'utilisation de la voiture en réformant le système d'indemnité kilométrique de l'impôt sur le revenu.

PROPOSITION SD-A1.3 : Inciter à utiliser des moyens de transport doux ou partagés.

Objectif SD-A2 : Aménager les voies publiques pour permettre de nouvelles habitudes de déplacement.

PROPOSITION SD-A2.1 : Créer des parkings relais.

PROPOSITION SD-A2.2 : Interdire les centres-villes pour les véhicules les plus émetteurs de gaz à effet de serre.

PROPOSITION SD-A2.3 : Augmenter les montants du Fonds Vélo de 50 à 200 millions d'euros par an pour financer des pistes cyclables.

PROPOSITION SD-A2.4 : Généraliser les aménagements de voies réservées aux véhicules partagés et aux transports collectifs sur les autoroutes et voies rapides.

Objectif SD-A3 : Réduire les émissions de gaz à effet de serre sur les autoroutes et voies rapides.

PT3.1 PROPOSITION : Réduire la vitesse sur autoroute à 110 km/h maximum.

Objectif SD-A4 : Créer les conditions d'un retour fort à l'usage du train au-delà des voies à grande vitesse.

PROPOSITION SD-A4.1 : Réduire la TVA sur les billets de train de 10 % à 5,5 %.

PROPOSITION SD-A4.2 : Généraliser les mesures tarifaires attractives déjà pratiquées par certaines régions.

PROPOSITION SD-A4.3 : Développer un plan d'investissement massif pour moderniser les infrastructures, les matériels roulants et les gares pour en faire des pôles multimodaux (lien avec les voitures, cars, vélos...).

Famille B : Réduire et optimiser le transport routier de marchandises en permettant un transfert modal vers le ferroviaire ou le fluvial

Objectif SD-B1 : Réduire la circulation des poids lourds émetteurs de gaz à effet de serre sur de longues distances, en permettant un report modal vers le ferroviaire ou le fluvial.

PROPOSITION SD-B1.1 : Développer les autoroutes de fret maritime (et fluvial), sur des trajets déterminés.

PROPOSITION SD-B1.2 : Imposer un suivi régulier de la formation des chauffeurs à l'écoconduite.

PROPOSITION SD-B1.3 : Imposer aux constructeurs de poids lourds d'adopter la même filière énergétique dans leur recherche et développement.

PROPOSITION SD-B1.4 : Sortir progressivement des avantages fiscaux sur le gazole, en échange de compensations fortes pour les transporteurs sous forme d'aides au financement accrues pour l'achat de poids lourds neufs plus propres en remplacement des poids lourds polluants.

PROPOSITION SD-B1.5 : Inciter, par des obligations réglementaires et fiscales, au report partiel vers d'autres moyens de transport de marchandises moins émetteurs.

PROPOSITION SD-B1.6 : Obliger les chargeurs à intégrer des clauses environnementales.

PROPOSITION SD-B1.7 : Favoriser le transport de marchandises sur des circuits courts par une modulation de la TVA.

Objectif SD-B2 : Réduire à zéro les émissions des navires lors de leurs opérations dans les ports (embarquement de passagers ou de marchandises).

PROPOSITION SD-B2.1 : Interdire l'usage des moteurs polluants lors des arrêts dans les ports.

PROPOSITION SD-B2.2 : Mettre à disposition les moyens d'alimenter en électricité les navires à quai pour permettre une réduction des émissions liées à l'usage des moteurs.

PROPOSITION SD-B2.3 : Agir sur la réglementation internationale pour encadrer les émissions des gaz à effet de serre des navires.

Famille C : Aider à la transition vers un parc plus propre, en réglementant les véhicules

Objectif SD-C1 : Agir sur la réglementation et aider à la transition vers un parc véhicules propres.

PROPOSITION SD-C1.1 : Augmenter le bonus pour les véhicules peu polluants, afin d'aider davantage les ménages et les professionnels dans leur évolution.

PROPOSITION SD-C1.2 : Renforcer très fortement le malus sur les véhicules polluants et introduire le poids comme un des critères à prendre en compte.

PROPOSITION SD-C1.3 : Interdire dès 2025 la commercialisation de véhicules neufs très émetteurs ; les véhicules anciens pouvant continuer de circuler.

PROPOSITION SD-C1.4 : Moduler les taxes sur les contrats d'assurance en fonction de l'émission de CO_2 pour encourager l'utilisation de véhicules propres.

PROPOSITION SD-C1.5 : Permettre l'accès à des véhicules propres en développant la location de longue durée.

PROPOSITION SD-C1.6 : Proposer des prêts à taux zéro, avec la garantie de l'État, pour l'achat d'un véhicule peu émetteur (léger et pas trop cher).

PROPOSITION SD-C1.7 : Créer des vignettes vertes à positionner sur les plaques d'immatriculation pour les véhicules les plus propres et donnant accès à des services particuliers : accès au centre-ville, places de parking, etc.

PROPOSITION SD-C1.8 : Prévoir un plan de formation pour les garagistes, et plus largement de la filière « pétrole », pour accompagner la transformation progressive du parc automobile (nouveaux moteurs, carburants, systèmes).

Famille D : Agir au niveau local avec les entreprises et les administrations pour mieux organiser les déplacements

Objectif SD-D1 : Impliquer les entreprises et les administrations pour penser et mieux organiser les déplacements de leurs salariés ou agents.

PROPOSITION SD-D1.1 : Renforcer les plans de mobilité en les rendant obligatoires pour toutes les entreprises et toutes les collectivités.

PROPOSITION SD-D1.2 : Les Autorités organisatrices de la mobilité (AOM) peuvent aider à mettre en place ces plans de mobilité en accompagnant les entreprises.

PROPOSITION SD-D1.3 : Favoriser les plans interentreprises et intra-entreprises (covoiturage, ramassage des salariés en bus, vélo…) dans le cadre des plans de mobilité.

PROPOSITION SD-D1.4 : Favoriser de nouvelles modalités d'organisation du travail.

Objectif SD-D2 : Mettre en place un portail unique permettant d'avoir toutes les informations sur les dispositifs et moyens de transport sur un territoire.

PROPOSITION SD-D2.1 : Mettre en place un portail unique permettant de savoir à tout moment, rapidement et simplement, quels sont les moyens et dispositifs existants sur un territoire pour se déplacer.

PROPOSITION SD-D2.2 : Développer un projet d'unification des titres de transport ou de carte multimodale.

Objectif SD-D3 : Inclure des citoyens dans la gouvernance des mobilités au niveau local comme au niveau national.

PROPOSITION SD-D3.1 : Intégrer les citoyens aux Autorités organisatrices de la mobilité à toutes les échelles.

Famille E : Limiter les effets néfastes du transport aérien

Objectif SD-E : Limiter les effets néfastes du transport aérien.

PROPOSITION SD-E1 : Adopter une écocontribution kilométrique renforcée.

PROPOSITION SD-E2 : Organiser progressivement la fin du trafic aérien sur les vols intérieurs d'ici 2025, uniquement sur les lignes où il existe une alternative bas-carbone satisfaisante en prix et en temps (sur un trajet de moins de 4 heures).

PROPOSITION SD-E3 : Interdire la construction de nouveaux aéroports et l'extension des aéroports existants.

PROPOSITION SD-E4 : Taxer davantage le carburant pour l'aviation de loisir.

PROPOSITION SD-E5 : Promouvoir l'idée d'une écocontribution européenne.

PROPOSITION SD-E6 : Garantir que l'ensemble des émissions qui ne pourraient être éliminées soient intégralement compensées par des puits de carbone.

PROPOSITION SD-E7 : Soutenir, à moyen terme, la R&D dans le développement d'une filière biocarburants pour les avions.

Se loger

Famille A : Rénovation des bâtiments

Objectif SL 1 : Rendre obligatoire la rénovation énergétique globale des bâtiments d'ici 2040.

PROPOSITION SL1.1 : Contraindre les propriétaires occupants et bailleurs à rénover de manière globale.

PROPOSITION SL1.2 : Obliger le changement des chaudières au fioul et à charbon d'ici à 2030 dans les bâtiments neufs et rénovés.

PROPOSITION SL1.3 : Déployer un réseau harmonisé de guichets uniques.

PROPOSITION SL1.4 : Système progressif d'aides à la rénovation, avec prêts et subventions pour les plus démunis.

PROPOSITION SL1.5 : Former les professionnels du bâtiment pour répondre à la demande de rénovation globale et assurer une transition de tous les corps de métiers du BTP vers des pratiques écoresponsables.

Famille B : Consommation d'énergie

Objectif SL 2 : Limiter de manière significative la consommation d'énergie dans les lieux publics, privés et les industries.

PROPOSITION SL2.1 : Contraindre par des mesures fortes les espaces publics et les bâtiments tertiaires à réduire leur consommation d'énergie.

PROPOSITION SL2.2 : Changer en profondeur les comportements en incitant les particuliers à réduire leur consommation d'énergie.

PROPOSITION SL2.3 : Inciter à limiter le recours au chauffage et à la climatisation dans les logements, les espaces publics et ceux ouverts au public ainsi que les bâtiments tertiaires (température moyenne maximale de 19 °C, renoncer à la climatisation en deçà de 30 °C).

Famille C : Artificialisation des sols

Objectif SL 3 : Lutter contre l'artificialisation des sols et l'étalement urbain en rendant attractive la vie dans les villes et les villages.

PROPOSITION SL3.1 : Définir une enveloppe restrictive du nombre d'hectares maximum pouvant être artificialisés, réduire par deux l'artificialisation des sols et rendre les PLUI1 et PLU2 conformes aux SCoT3 (et non plus compatibles).

PROPOSITION SL3.2 : Interdire toute artificialisation des terres tant que des réhabilitations ou friches commerciales, artisanales ou industrielles sont possibles dans l'enveloppe urbaine existante.

PROPOSITION SL3.3 : Prendre immédiatement des mesures coercitives pour stopper les aménagements de zones commerciales périurbaines très consommatrices d'espace.

PROPOSITION SL3.4 : Protéger fermement et définitivement les espaces naturels, les espaces agricoles périurbains et les forêts périurbaines. S'assurer d'une gestion durable de l'ensemble des forêts privées et publiques. S'assurer de la création de ceintures maraîchères autour des pôles.

PROPOSITION SL3.5 : Faciliter les changements d'usage des terrains artificialisés non occupés.

PROPOSITION SL3.6 : Faciliter les réquisitions de logements et bureaux vacants.

PROPOSITION SL3.7 : Faciliter les reprises et réhabilitations des friches, notamment par la possibilité pour les communes d'exproprier les friches délaissées depuis dix ans ou plus.

PROPOSITION SL3.8 : Évaluer le potentiel de réversibilité des bâtiments avant toute démolition.

PROPOSITION SL3.9 : Permettre la construction d'immeubles collectifs dans les zones pavillonnaires.

PROPOSITION SL3.10 : Renforcer les contrôles du respect des obligations de protection des espaces et de limitation de consommation des terres non urbanisées, sanctionner pénalement les manquements.

PROPOSITION SL3.11 : Sensibiliser à l'importance et l'intérêt de la ville plus compacte, et construire une nouvelle culture de l'habitat collectif.

PROPOSITION SL3.12 : Financer les rénovations des logements dans les petites communes.

PROPOSITION SL3.13 : Rendre les centres-villes plus attractifs par la revitalisation des commerces et le maintien des écoles en milieu rural.

Se nourrir

Famille 1 : Garantir un système permettant une alimentation saine, durable, moins animale et plus végétale, respectueuse de la production et du climat, peu émettrice de gaz à effet de serre et accessible à tous, notamment en rendant efficiente la loi EGalim

Objectif SN-1.1 : Engager la restauration collective vers des pratiques plus vertueuses.

PROPOSITION SN1.1.1 : Mettre en place une prime à l'investissement pour les établissements leur permettant de s'équiper en matériel, de former les personnels, de mener des campagnes de sensibilisation afin d'atteindre les objectifs de la loi EGalim.

PROPOSITION SN1.1.2 : Proposer un bonus de 10 centimes par repas pour les petites cantines bio et locales (moins de 200 repas par jour) pour les aider à absorber le surcoût les trois premières années de leur transition.

PROPOSITION SN 1.1.3 : Créer un « observatoire de la restauration collective » ayant pour objectif de partager les bonnes pratiques et de suivre l'atteinte des objectifs de la loi EGalim.

PROPOSITION SN1.1.4 : Mettre en place un organisme de contrôle pour assurer la bonne mise en œuvre de la loi EGalim.

PROPOSITION SN1.1.5 : Encourager la réflexion pour réécrire l'arrêté du 30 septembre 2011 relatif à la qualité nutritionnelle des repas servis en restauration scolaire.

PROPOSITION SN1.1.6 : Passer à un choix végétarien quotidien dans la restauration collective publique à partir de 2022, y compris dans la restauration collective à menu unique.

PROPOSITION SN1.1.7 : Étendre toutes les dispositions de la loi EGalim à la restauration collective privée à partir de 2025.

PROPOSITION SN1.1.8 : Étendre la liste des produits éligibles aux 50 % définis par la loi aux agriculteurs en transition vers le bio, et aux produits à faible coût environnemental.

PROPOSITION SN1.1.9 : Aider à la structuration des filières afin qu'elles arrivent à faire reconnaître des produits dans des signes de qualité.

Objectif SN-1.2 : Rendre les négociations tripartites plus transparentes et plus justes pour les agriculteurs.

PROPOSITION SN1.2.1 : Assurer la présence de la Direction générale de la concurrence, de la consommation et de la répression des fraudes (DGCCRF) dans les négociations, rendre la méthode obligatoire pour toutes les filières et organiser des rendez-vous réguliers à l'échelle des interprofessions, obliger à la transparence, les entreprises agroalimentaires et les centrales d'achats.

Objectif SN-1.3 : Développer les circuits courts.

PROPOSITION SN1.3.1 : Utiliser le levier de la commande publique pour valoriser les produits issus de circuits courts, locaux et à faible coût environnemental, sous la forme d'un « guide d'achat » à adresser aux acheteurs publics.

Objectif SN-1.4 : Poursuivre les efforts sur la réduction du gaspillage alimentaire en restauration collective et au niveau individuel.

PROPOSITION SN1.4.1 : Poursuivre les efforts dans la restauration collective.

Famille 2 : Faire muter notre agriculture pour en faire une agriculture durable et faiblement émettrice de gaz à effet de serre, basée sur des pratiques agroécologiques, en misant sur l'enseignement agricole et en utilisant les aides de la PAC comme levier

Objectif SN-2.1 : Développer les pratiques agroécologiques.

PROPOSITION SN2.1.1 : Atteindre 50 % d'exploitations en agroécologies en 2040.

PROPOSITION SN 2.1.2 : Inscription dans la loi et le PSN : développer l'agriculture biologique (maintenir l'aide à la conversion, restaurer l'aide au maintien de l'agriculture biologique, faire supporter le coût de certification annuelle du label par l'État).

PROPOSITION SN 2.1.3 : Engrais azotés : augmenter la Taxe Générale sur les Activités Polluantes (TGAP).

PROPOSITION SN2.1.4 : Diminution de l'usage des pesticides avec une interdiction des produits CMR, diminution de l'usage des produits phytopharmaceutiques de 50 % d'ici 2025 et interdiction des pesticides les plus dommageables pour l'environnement en 2035.

PROPOSITION SN2.1.5 : Inscription dans la loi et le PSN : aider à la structuration de la filière des protéagineux (augmentation de l'autonomie du cheptel animal français, 100 % d'autonomie pour l'alimentation humaine en protéines végétales, accroissement de la diversification des cultures dans la PAC, mise en œuvre du Plan Protéines Végétales national).

PROPOSITION SN2.1.6 : Inscription dans la loi et le PSN : aider au maintien des prairies permanentes (éviter au maximum les terres nues en mettant en place un couvert végétal obligatoire, rémunérer les services rendus par les agriculteurs pour le stockage de carbone par leurs activités).

PROPOSITION SN2.1.7: Inscription dans la loi et le PSN : interdire le financement de l'implantation de nouveaux élevages qui ne respectent pas les conditions d'agroécologie et de faibles émissions de gaz à effet de serre, accompagner les éleveurs vers une restructuration de leurs cheptels pour améliorer la qualité de production.

Objectif SN-2.2 : Réformer l'enseignement et la formation agricole.

PROPOSITION SN 2.2.1 : Réformer l'enseignement et la formation agricole : intégrer au tronc commun obligatoire l'enseignement de l'agroécologie, imposer des stages dans des exploitations qui appliquent les méthodes de l'agroécologie, ouvrir la formation continue sur les pratiques agroécologiques pour tous les agriculteurs, former les conseillers techniques aux pratiques de l'agroécologie.

Objectif SN-2.3 : Tenir une position ambitieuse de la France pour la négociation de la Politique agricole commune (PAC).

PROPOSITION SN2.3.1 : Relever les niveaux d'exigence des conditions de verdissement.

PROPOSITION SN2.3.2 : Transformer l'attribution des aides à l'hectare vers des aides à l'actif agricole.

Objectif SN-2.4 : La PAC comme levier de transformation au niveau national.

PROPOSITION SN2.4.1 : Mettre en place un mécanisme de suivi et d'évaluation de l'atteinte de la performance climat du Plan Stratégique National (PSN).

PROPOSITION SN2.4.2 : Mettre en compatibilité le Plan Stratégique National (PSN) avec la Stratégie Nationale Bas-Carbone (SNBC), la Stratégie Nationale pour la Biodiversité, le Plan National Santé Environnement, la Stratégie Nationale de lutte contre la Déforestation Importée (SNDI).

PROPOSITION SN2.4.3 : Intégrer toutes les dispositions concernant le développement de l'agroécologie au Plan Stratégique National (PSN).

Famille 3 : Sachant que l'océan et son écosystème permettent de capter 93 % de l'excédent de chaleur et de stocker 30 % du Co_2, inciter à une pêche à faible émission de gaz à effet de serre en réglementant sur les méthodes de pêche et en protégeant les littoraux et les écosystèmes marins

Objectif SN-3.1 : Inciter au développement d'une pêche à faible émission.

PROPOSITION SN3.1.1 : Améliorer la connaissance des stocks/déplacements de poissons pour mieux définir les quotas et éliminer la surpêche.

PROPOSITION SN3.1.2 : Poursuivre les efforts de limitation de la pêche dans les zones et pour les stocks fragiles, et affermir les contrôles sur l'interdiction de la pêche en eau profonde.

PROPOSITION SN3.1.3 : Développer les fermes aquacoles raisonnées et respectueuses de l'environnement, afin d'éviter de pêcher les poissons dans leur milieu naturel.

PROPOSITION SN3.1.4 : Protéger la capacité des océans à stocker du carbone, notamment en protégeant les baleines et les espèces marines.

PROPOSITION SN3.1.5 : Diminuer les émissions de gaz à effet de serre dues à la pêche et au transport maritime en poursuivant la modernisation de la flotte de bateaux vers des systèmes de propulsion verts.

Famille 4 : Réfléchir sur un modèle de politique commerciale d'avenir soucieux d'encourager une alimentation saine et une agriculture faible en émissions de gaz à effet de serre en France

Objectif SN-4.1 : Réfléchir à un modèle de politique commerciale d'avenir soucieux d'encourager une alimentation saine et une agriculture faible en émissions de gaz à effet de serre en France.

PROPOSITION SN 4.1.1 : Renégocier le CETA (Comprehensive Economic and Trade Agreement) au niveau européen pour y intégrer les objectifs climatiques de l'Accord de Paris.

PROPOSITION SN 4.1.2 : Demander au gouvernement français de défendre une réforme politique commerciale européenne : inscrire le principe de précaution dans les accords commerciaux, inscrire le respect des engagements de l'Accord de Paris comme objectifs contraignants, mettre fin aux tribunaux d'arbitrage privés, garantir la transparence et permettre le contrôle démocratique des négociations.

PROPOSITION SN 4.1.3 : Demander au gouvernement français de défendre des positions auprès de l'OMC : prendre en considération les accords de Paris dans les négociations commerciales, mise en place de sanctions pour les États récalcitrants, inclure les clauses environnementales dans les négociations d'accords commerciaux.

Famille 5 : Rendre obligatoire d'informer et de former les (futurs) citoyens sur l'alimentation pour les rendre acteurs du changement de comportement nécessaire à la diminution des gaz à effet de serre pour notre alimentation

Objectif SN-5.2 : Mieux informer le consommateur.

PROPOSITION SN5.2.1 : Mieux informer le consommateur en renforçant la communication autour du PNNS et réformer le PNNS en PNNSC.

PROPOSITION SN5.2.2 : Interdire la publicité sur les produits proscrits par le PNNS.

PROPOSITION SN5.2.3 : Concevoir une nouvelle solidarité nationale alimentaire pour permettre aux ménages modestes d'avoir accès à une alimentation durable.

Objectif SN-5.3 : Réformer le fonctionnement des labels.

PROPOSITION SN 5.3.1 : Réformer le fonctionnement des labels en supprimant les labels privés et en mettant en place un label pour les produits issus de l'agriculture agroécologique.

Famille 6 : Mettre l'éthique au cœur de notre alimentation : réglementer la production, l'importation et l'usage des additifs/auxiliaires techniques (notamment dans l'industrie agroalimentaire) afin d'améliorer la qualité de l'alimentation en conformité avec les normes françaises et européennes

Objectif SN-6.1 : Réglementer la production, l'importation et l'usage des auxiliaires techniques et additifs alimentaires.

PROPOSITION SN6.1.1 : Informer les consommateurs du degré de transformation des produits, notamment via un étiquetage obligatoire et la mise en place d'une charte éthique agroalimentaire qui renseigne et qualifie en termes de gaz à effet de serre les auxiliaires techniques et les additifs alimentaires. Informer rapidement et de manière obligatoire sur les accidents alimentaires.

PROPOSITION SN6.1.2 : Interdire l'importation des produits qui sont composés d'auxiliaires technologiques proscrits par l'Union européenne.

PROPOSITION SN6.1.3 : Interdire progressivement l'usage des auxiliaires de production et des additifs alimentaires sous cinq ans.

PROPOSITION SN6.1.4 : Taxer les produits ultra-transformés à forte empreinte carbone et faible apport nutritionnel.

PROPOSITION SN6.1.5 : Mettre en place des chèques alimentaires pour les plus démunis à utiliser dans les AMAP (Association pour le Maintien d'une Agriculture Paysanne) ou pour des produits bio.

Famille 7 : Sauvegarder les écosystèmes en légiférant sur le crime d'écocide

Objectif SN-7.1 : Légiférer sur le crime d'écocide.

PROPOSITION SN7.1 : Adopter une loi qui pénalise le crime d'écocide dans le cadre des neuf limites planétaires, et qui intègre le devoir de vigilance et le délit d'imprudence, dont la mise en œuvre est garantie par la Haute Autorité des Limites Planétaires.

Constitution

Modification du préambule de la Constitution.

Modification de l'article 1er de la Constitution.

Axe de réflexion : renforcer le contrôle des politiques environnementales.

Axe de réflexion : réforme du Conseil économique, social et environnemental.

Remerciements

Nous voulons remercier toutes les personnes qui, de près ou de loin, ont rendu ce livre possible, dont l'ensemble des citoyens et des intervenants qui ont pris le temps de répondre à nos sollicitations. Nous remercions également les personnes suivantes : Inès Barbier, Éric Boisteaux, Denis Bouchain, Marie-Sarah Carcassonne, Lola Chupin, Nicolas Deporter, Delphine Gay, Florent Gilard, Véronique Jaquet, Françoise Jacquot, Cédric Javanaud, Matthieu Jousset, Elsa Lafon, Léna Le Coqguen, Benoît Leguet, Florent Manelli, Catherine Mautor, Florent Prevelle, Juliette Prost, Baptiste Rouget Luchaire, Régine Salmon, Adèle Tanguy, Thierry Touchais.

Biographies

Fondation GoodPlanet

Prolongement du travail artistique et de l'engagement pour l'environnement de Yann Arthus-Bertrand, la Fondation GoodPlanet, reconnue d'utilité publique, a pour objectifs de placer l'écologie et la solidarité au cœur des consciences et de susciter l'envie d'agir concrètement pour la Terre et ses habitants. Créée en 2005, la Fondation GoodPlanet propose des projets artistiques (7 milliards d'Autres, HUMAN….) et pédagogiques pour sensibiliser le plus large public à travers le monde.

Avec son programme Action Carbone Solidaire, la Fondation GoodPlanet a soutenu et accompagné 53 projets dans 21 pays, au profit de 220 000 bénéficiaires. Le programme a notamment permis la construction de près de 13 000 réservoirs à biogaz, la mise en place de 11 600 cuiseurs solaires et la construction de 17 classes et internats bioclimatiques.

En juillet 2015, la Ville de Paris a accordé à la Fondation GoodPlanet la concession du domaine de Longchamp pour une durée de trente ans. Dans ce premier lieu dédié à l'écologie et la solidarité à Paris, inauguré en mai 2017, gratuit et ouvert à tous, la Fondation GoodPlanet célèbre le partage et la bienveillance.

En avril 2019, la Fondation GoodPlanet met l'accent sur la sensibilisation de tous les publics et se dote d'un nouvel espace pédagogique de 400 m^2 : l'École GoodPlanet.

En 2020, la Fondation lance Mission Énergie, un programme éducatif pour sensibiliser les élèves de toute la France aux économies d'énergie au quotidien.

La Fondation GoodPlanet est labellisée IDEAS pour sa transparence financière, sa bonne gouvernance et l'efficacité de ses programmes.

www.goodplanet.org

Suivre toute l'actualité de l'écologie sur *GoodPlanet Mag'* : www.goodplanet.info

Yann Arthus-Bertrand

Yann Arthus-Bertrand, né en 1946, s'est toujours passionné pour le monde animal et les espaces naturels. En 1992, Yann lance le projet photographique *La Terre vue du ciel*, qui pose un regard sur l'état du monde et de ses habitants. Il crée en 2005 la Fondation GoodPlanet qui s'investit dans l'éducation à l'environnement ainsi que dans la lutte contre le changement climatique. Il commence alors la réalisation de plusieurs documentaires sur l'environnement et l'humanisme comme *Home*, *Human* ou encore *Terra*.

Anastasia Mikova et Yann Arthus-Bertrand ont coréalisé le film documentaire *Woman*, sorti en 2020. Pour 2021, Yann prévoit plusieurs films dont *Legacy* et un documentaire consacré à la Convention Citoyenne pour le Climat. Il démarre aussi le tournage de *France, une histoire d'amour*.

Les auteurs

Julien Leprovost est journaliste spécialisé dans les questions d'environnement. Il s'occupe de *GoodPlanet Mag'* (www.goodplanert.info) et a rédigé de nombreux ouvrages pour la Fondation GoodPlanet dont *Human*, *L'Homme et la Mer*, *2 degrés de trop* (Éditions La Martinière).

Sophie Noucher est journaliste indépendante. Elle collabore à plusieurs magazines (*GoodPlanet Mag'*, *L'Obs*, *Management*, *Comment ça marche ?*) et aborde des sujets liés à l'environnement, à l'éducation et aux nouvelles technologies. En 2019, elle a publié *Le plastique, c'est pas automatique* (Éditions First).

Composition
PRESS·PROD

Impression réalisée par
CPI Brodard et Taupin
en décembre 2020

FSC
www.fsc.org
MIXTE
Papier issu
de sources
responsables
FSC® C108412

Dépôt légal : janvier 2021
N° d'impression : 3041428
ISBN : 978-2-7499-4569-9
Code LAF : 3031